BIG BANG

IRÈNE JACOB

BIG BANG

ALBIN MICHEL

À J. K.

« Toi qui nais,
tu appartiens à l'éclair. »

René Char

Je rassemble des souvenirs de toi, papa, de ce monde de la physique quantique qui était ton métier, de l'histoire de la naissance de l'univers telle que tu me l'as contée au pied de mon lit d'enfant comme un conte de Perrault et telle que je la raconte aujourd'hui à mes amis, en buvant une limonade, en étant dans la vie, en sentant le soleil sur mes joues, alors que tu es mort il y a quelques mois. Et tandis que je passe une main dans mes cheveux, pour offrir mon visage à la lumière, pour mieux respirer l'air autour de moi et libérer mon diaphragme de la peine qui pèse sur ma poitrine, je suis bouleversée aussi par les émotions d'une force nouvelle, une poussée me surprend, monte de mes entrailles comme se réveille un volcan : je suis enceinte à nouveau. Et j'interroge dans un même temps ces deux présences silencieuses : celle du ciel immense où tu es parti, invisible papa, et celle de mon ventre chaud où tu grandis, toi que je ne vois pas encore, que je vais aimer. Entre ces deux bords inconnus, la naissance et la mort, je m'avance, moi aussi, dans la vie bouleversante et cherche l'équilibre de ce grand château de cartes où nos vies se tiennent adossées, penchées les unes contre les autres, sensible au moindre choc, ajout ou chute, de l'une d'elles.

Je rassemble les brindilles, les feuillages, les êtres, les morts, les souvenirs. Dans la tempête, je fais le nid. Je vois la foudre qui éclaire le ciel et électrise la terre. J'appelle ma mère, qui m'a portée dans son ventre et ses bras. J'appelle la forêt obscure de la peur, qu'il me faut traverser pour me défendre du doute et aimer. Je pense à vous, mes grands-mères Violette et Lou, qui m'avez précédée et venez tendrement me visiter en rêve quelquefois, depuis vos étoiles éloignées. Je sens mon corps se préparer déjà à une nouvelle métamorphose, à devenir énorme et à enfanter. J'appelle nos enfants qui grandissent et sont le cœur qui bat et la chair de ce livre, j'appelle Mathieu, mon amour, dont les lèvres ont, sur les miennes, un goût de miel, d'amande et de café, j'appelle ses parents, qui nous ont accueillis pendant ces mois de grossesse. Et toi, papa, qui es parti, quelque part, tout près de moi ou très loin, dans l'au-delà, je ne sais pas, dans l'univers silencieux, je t'appelle. Et avec toi, l'infini et son histoire immense tout contre la mienne.

Ici, devant le deuil et la promesse de la vie, je me tiens et j'avance. J'appelle ces mots qui courent au bout de mes doigts, et je sens la peau de mon cou, de mon dos, de ma poitrine, de mes tibias, de mes avant-bras, qui se met à rougir en les reconnaissant. C'est la grâce des histoires de pouvoir rassembler ce qui est dispersé, contenir rêves et réalités, mêler en une même phrase le présent et le passé, la peine et le sourire, la présence et l'absence, l'intimité de la solitude et le fabuleux partage.

Il y a de cela longtemps, du haut des épaules de mon père, d'où je me sentais bien plus grande, j'ai entendu dire, et d'un ton certain – écrire ici ce mot « certain » me semble extraordinaire, un mot farfelu prononcé dans un rêve dont je vais me réveiller bientôt –, que tout ce que nous sommes et connaissons est né d'un Big Bang : un « grand bang » issu du néant, une énergie folle, un grand commencement ; que depuis, notre univers est sorti de son berceau et n'en finit pas de grandir ; qu'il est sans doute encore en expansion, sans bords, ni limites, ni contenant ; qu'il comprend, pour ce qu'on en connaît, environ cent milliards de galaxies, qui se groupent en amas, à l'échelle de dizaines puis de centaines de millions d'années-lumière, séparés par de grands espaces vides…

Mon père a balayé de son bras le paysage immense devant moi, et a dit que la Terre était en vérité toute petite. Un point perdu, quelque part, au hasard, parmi d'autres.

– …

– Et pourtant, poursuivait-il, en grimpant sur les sentiers des Alpes, tenant mes mollets dans ses mains comme les bretelles d'un sac à dos, s'adressant à moi, à moi qui me faisais une joie d'être là, portée, d'échapper à l'effort de la marche, il existe peut-être une façon de singulariser notre planète de ces espaces infinis.

– … ?

– La vie.

– …

– La vie telle qu'on la connaît.

– Il y en a d'autres ?

– Il ne fait pour moi aucun doute que, dans les cent milliards d'étoiles qui constituent notre galaxie, d'autres formes de vie se soient développées. Mais pour prouver leurs existences, il est nécessaire que les deux formes de vie soient au même moment capables de lancer et recevoir un signal. Nous les Terriens, par exemple, n'en sommes capables que depuis très peu de temps…

– Mais comment on fait pour s'envoyer un message ? On l'envoie dans quelle langue ?

– Pour être capable d'envoyer une sonde dans l'univers, en mesure d'émettre ou de recevoir un signal, il faut connaître la mathématique et un message mathématique fait tout à fait l'affaire… Évidemment, reçu par un dinosaure, un message codé ne peut pas recevoir de réponse.

Mes mains appuyées sur sa tête, dont les cheveux

étaient chauds et humides, je contemplais les montagnes devant nous, pelées comme la peau de vieux éléphants, et ici et là sur le chemin l'élégance des gentianes bleu foncé au milieu des cailloux.

– La vie peut apparaître comme un phénomène banal. Mais la vie sur Terre est apparue il y a environ quatre milliards d'années et cela a demandé du temps et des conditions extraordinaires pour qu'elle s'élabore en autant d'organismes. Maintenant… la vie sur Terre est-elle unique ?

– Tu crois aux Martiens ?

– Quand on rêve à une autre vie intelligente, il ne faut pas se limiter à des petits hommes verts ! L'organisation de la vie intelligente pourrait faire appel à des communications entre éléments qui ne dépendraient plus de la chimie et du carbone, comme chez nous. La vie pourrait être portée par exemple par des nuages interstellaires, comme l'a imaginé un écrivain, Fred Hoyle, dans un livre qui s'appelle *Le Nuage noir*…

Le titre du livre me paraissait inquiétant, comme l'annonce d'une tempête ou d'une grande et sombre peine… Pourtant, penser des êtres-nuages était une idée réjouissante. Combien d'après-midi avais-je passés à regarder le ciel, allongée dans l'herbe avec mes amies, et cherché des animaux et des visages familiers dans les cumulus qui passaient ?

– Des vies-nuages ?

– Mais oui ! Pourquoi pas ! Dans la recherche, comme dans la vie, il s'agit de toujours s'étonner.

Comment te parler aujourd'hui ? À toi que j'ai perdu dans des contrées lointaines, dans ce monde vaste et inconnu où scintillent mes souvenirs. J'envoie, comme une dinosaure enceinte, mes mots dans cette nuit, à toi qui m'as donné vie et qui as disparu. Dans ce silence, les reçois-tu ? Et je sens, en ce même temps, un bébé remuer doucement dans mon ventre, comme s'il te répondait et participait à cette conversation qu'enfant, j'ai eue avec toi.

– Qu'est-ce qu'il fait ton papa ?

– Il cherche l'origine de l'univers.

C'était le début des années 1970, la théorie du Big Bang venait tout juste d'être confirmée. Ainsi, l'univers était né d'une grande explosion ? Imaginer scientifiquement un grand commencement était une révolution et l'âge de l'univers avait été estimé à 13,5 milliards d'années ! J'en avais sept, de longs cheveux bruns qui s'emmêlaient s'ils n'étaient pas coiffés en couettes par ma mère, des pantalons pattes d'éléphant et j'étais fière d'aller en famille te visiter sur ton lieu de travail, rencontrer tes collègues et ce monde qui te tenait loin de nous.

Le CERN était un quartier à lui tout seul, avec un ensemble de bâtiments, un musée, des cafétérias, un hôtel, des routes, des passages piétons… Je devançais ma mère et mes trois grands frères, m'élançant avec ma corde à sauter dans les couloirs de ton étage : il sentait le lino, le café, le bois, le tabac, la craie et l'éponge mouillée. C'était le département de physique théorique.

Ce n'était pas une physique que j'allais apprendre un jour à l'école, c'en était une autre, renversante, me disais-tu, qui avait des lois folles, extravagantes, qui cherchait à comprendre le comportement extraordinaire de choses infiniment petites et infiniment grandes.

– Qu'est-ce qu'on cherche ici, papa ?

– Ça ne se comprend pas facilement. Ce sont des recherches sur l'invisible.

Invisible ? Je n'avais aucune disposition scientifique mais j'étais fascinée par ce que ce mot pouvait contenir d'excitant. Invisible, comme un monde imaginaire ? Une présence qui m'accompagnerait sans jamais se laisser voir ? J'aimais dans les cours de récréation jouer à cache-cache avec mes camarades. Ou avancer, un bandeau sur les yeux, m'amusant à ne pas voir, conduite par des mains amies qui déjouaient les obstacles réels ou inventés sur le chemin.

– Allons-y ! Je vous emmène visiter le nouvel accélérateur, le LEP !

– On va voir les particules ? demandait Tom, mon frère aîné, le nez dans son *Lucky Luke*.

– Elles ne se voient pas à l'œil nu ! Tu es traversé, nous sommes tous traversés, à tout instant, d'un milliard de particules !

Tu n'étais pas grand, parlais vite, la gestuelle rapide, légèrement brusque quand tu me frottais le dos. Tes cheveux étaient coupés juste au-dessus de l'oreille, toujours rasé de près, tu portais d'épaisses lunettes années 1970, chemise et cravate, un large pantalon de velours côtelé que, du haut de mes huit ans, je trouvais vieux jeu.

– Pour imaginer les lointaines contrées de notre univers, il faut commencer par imaginer le point de vue de la plus petite particule que nous connaissions, le quark !

– Comme *La Chasse aux quarks* ?

– Non, ton livre, c'est *La Chasse au Snark* de Lewis Carroll ! Le quark est bien plus petit qu'une tête d'épingle ! Et il est loin des préoccupations de la plupart des gens.

– Alors pourquoi vous les cherchez ? demandait Bernard en pinçant Niels qui l'avait poussé contre le mur du couloir.

– Ce que j'admire dans la physique théorique, c'est qu'il n'y a qu'une seule et même physique pour parler à la fois du cœur de la matière et du début de notre univers ! C'est un domaine où se rejoignent les deux infinis.

Nous descendions par un monte-charge, à cent mètres sous la terre, visiter ce tunnel circulaire éclairé au néon et sous le casque jaune qui me tombait sur les yeux, j'apercevais des tuyaux et des câbles de couleur. Tu nous prenais en photo devant les aimants gigantesques qui jalonnaient le parcours et stimulaient les collisions entre les protons et électrons invisibles.

– Cet accélérateur permet de lancer des milliards de particules élémentaires les unes contre les autres à une vitesse proche de celle de la lumière. Il y a très peu de chances pour qu'elles se rencontrent, une chance sur un million, mais quand cela arrive, elles s'explosent mutuellement et cela produit une énergie telle que des fractions de particules disparues depuis le Big Bang sont susceptibles de réapparaître. Elles ne survivent qu'une minuscule fraction de seconde, avant de se désintégrer.

Il s'agissait donc de découvrir une évidence de leur passage. Comme la trace blanche qui s'inscrit dans le ciel après le passage d'un avion. Comme le balancement d'un fauteuil à bascule dans une pièce vide. Tu nous montrais les immenses détecteurs qui enregistraient les images de leur décomposition. On aurait dit une araignée à mille pattes – avec l'impact au centre et dans chaque bras de couleur les traces des différents éclats de la particule –, une image que j'ai souvent portée, imprimée sur un tee-shirt, avec écrit en gros « Le CERN ». Les physiciens espéraient y apercevoir une composante inconnue de cette particule, une trace inhabituelle, une nouvelle patte à l'araignée multicolore. Une signature de l'invisible.

– Mais pourquoi c'est intéressant ? rigolait Niels, en faisant basculer le casque jaune de Bernard sur son nez.

– Ah ! On essaie de se représenter d'une façon plus générale comment notre univers est né ! On cherche dans l'instabilité du comportement des particules des lois nouvelles. On a découvert qu'à chaque particule est associée une particule jumelle, aux qualités contraires, qui s'assemble avec d'autres, exactement comme le fait la matière. Nous n'avons pas encore cerné sa composition. On l'appelle l'antimatière.

Le mot « antimatière » m'inquiétait légèrement, me serrait la gorge, comme une qualité qui faisait un peu peur. Comme dans les histoires d'*Alice au pays des merveilles* que mon père me lisait volontiers, j'identifiais spontanément ce monde étrange et quantique au passage d'Alice de l'autre côté du miroir, dans ce monde inversé, fou et différent. Est-ce que cela pouvait revenir à observer ma chambre à l'envers, en faisant le poirier ? À renverser mon espace familier et sentir le sang affluer vers mon visage ?

– Vous leur donnez des noms, aux antiparticules de l'antimatière ? demandait ma mère, en caressant mes cheveux.

– Oui, c'est simple : pour le quark rouge, ce sera le quark anti-rouge, pour le quark bleu le quark anti-bleu… Certaines composantes ont une qualité : quark étrange, quark charmé, Beauty Down, Beauty Top…

Mon père semblait prendre plaisir à dire ces noms familiers. La physique quantique, avec ses lois étranges et ses lettres grecques, prenait des airs de mythes olympiques. À la différence qu'ici, au cœur de la matière, contrairement aux espaces célestes, je comprenais que les dieux et déesses étaient infiniment minuscules.

Tu enlevais mon casque dans l'ascenseur qui nous remontait à la surface de la terre. Je n'étais pas forte en science, contrairement à mes grands frères, mais j'étais attirée par son langage, ses questions, son imagination. J'apercevais un peu de notre histoire, de notre mystère dans le reflet de ce miroir quantique et je m'élançais en courant pour m'ébrouer dans la lumière du dehors. Tu marchais à mes côtés sur la pelouse vert pomme qui nous ramenait vers la cafétéria et sa sélection de glaces à l'eau, que je connaissais bien.

– On se demande encore quelles sont la géométrie et la structure de l'univers… Quelle est son évolution. Quel est le nombre de ses dimensions…

Mon père avait allumé sa pipe et ponctuait chacune de ses questions d'un petit nuage de fumée, comme la condensation d'une réponse encore en suspension.

Bernard demandait :

– À quoi ça sert de chercher ça ?

– Ah… C'est ça la recherche fondamentale ! On cherche sans savoir ce qu'on va trouver ! Et on ne sait pas à quoi cela va servir avant de le découvrir ! Mais ces découvertes permettent des avancées dans tous les domaines ! Alors, tu comprends, on voudrait savoir pourquoi notre monde est fait de matière. Quelle est sa différence avec l'antimatière. Et ce qu'est la matière noire. On voudrait comprendre l'origine des masses, et pourquoi certaines particules n'en ont pas. Et, pourquoi pas, la nature du vide.

– Et, papa, *avant* la naissance de l'univers, *avant* le Big Bang, il y a quoi ?

– Eh bien, peut-être… qu'il n'y a plus de temps.

Plus de temps ? Plus de temps. Point. Une affirmation. L'après-midi s'échappait avec une audace que jamais je n'aurais osé prendre… Et avant notre naissance ? Et après notre mort ? Entre ces deux frontières, je commençais tout juste à avancer dans ma vie, avec la conscience d'un encadrement inconnu, infini, qui me contenait.

Un cumulus blanc flottait dans le ciel, au-dessus de la cafétéria, et s'en allait lentement vers le Jura. Est-ce que mourir, naître ressemblait à cela ? Se décomposer ou se recomposer ailleurs autrement, comme ces nuages, comme certaines particules ? Je pouvais imaginer la naissance, même si bien sûr je n'avais aucun souvenir de la mienne : j'avais vu des chatons naître, je les avais tenus dans ma main, avec leurs yeux fermés, leurs poils mouillés. Tandis que la mort était une idée abstraite, angoissante : je n'avais connu qu'un enterrement, celui de ma grand-mère paternelle, et j'étais trop jeune pour m'en souvenir.

Je léchais avec gourmandise ma fusée tricolore en commençant par la capsule de chocolat et je mordais ensuite dans les parties chimiques de citron et d'orange avant qu'elles ne coulent sur mes doigts, le long du bâtonnet en bois.

Enceinte ! Je suis tout en haut de cette nouvelle et je glisse, comme du sommet d'un toboggan, dans les courbes de sa réalité. C'est le début de ce nouveau parcours et j'en explore les premiers contours. Ainsi la vie me fait un signe, repousse la mort et me fait une promesse ? Je portais le deuil et je porte la joie ? La nouvelle d'un enfant est là devant moi. Je tourne la feuille, à l'endroit, à l'envers, je regarde la secrétaire qui me sourit, j'ai trente-cinq ans, j'ouvre la porte vitrée du laboratoire d'analyses, mon cœur est bouleversé, et le téléphone sonne.

– Je suis heureux, mon amour, à tout à l'heure, j'arrive, me dit Mathieu au bout du fil.

Je pose ma main sur mon ventre plat. Sous mes paupières closes s'étend l'espace immense, devant le battement de mes cils s'élève la pente de la rue Pigalle, une position tout à fait banale dans l'univers, une position banale dans le temps, le début des années 2000, je suis à fleur de peau, les poils de mes bras sont dressés comme des coquelicots dans un champ de blé, frémissant à la moindre brise. Je suis en chemin vers quelque chose de puissant, de grand et de très petit. Une origine immense que nous partageons, un amour fou. Je porte en moi un être minuscule dont le berceau se prépare depuis plusieurs milliards d'années et je sens le vent frais, légèrement humide réveiller et piquer mes joues. Dans la rue, une femme avec un grand châle propose encore des bouquets de jonquilles pour quelques euros. Mes parents se sont connus au temps des jonquilles, comme un jaune éclaboussant la blancheur de l'hiver. J'en achète un, que je rapporte comme si c'était leur jardin dans mes bras. Je cours sur le trottoir, mon corps va devenir un puissant accélérateur de particules, je suis soulevée par une énergie folle et mon ventre ne tardera plus à s'arrondir comme la courbe ronde de notre Terre.

Sous mes draps froissés, sous la peau de ma chair endormie, une autre présence comme une chaleur se manifeste et se rassemble. Il semble que je rêve déjà d'elle, de sa chambre obscure au fond de moi, qui bouleverse et surprend ma vie.

J'aperçois une porte cachée dans le couloir de mon appartement. Je me demande comment j'ai pu passer si longtemps à côté de cette porte sans la voir. J'entre dans la chambre nouvelle et observe sa forme arrondie, il y fait sombre comme dans une grotte. Mais, d'autres nuits, c'est une pièce moderne que j'aperçois, avec de grandes sources de lumière. Je fais quelques projets d'aménagement.

Et si toute naissance commençait par un rêve ? Dans les légendes, c'est un messager céleste qui vient annoncer en songe, pendant la nuit, une descendance à celui ou celle, sur terre, qui dort et doit s'y préparer. Je suis en contact avec un autre monde, que je ne vois pas, mais qui arrive avec un grand élan et me bouleverse. Et si le cosmos tout entier et ses étoiles s'étaient couchés sur moi ? Je sens une force immense, soudain à ma portée, comme en témoigne ce léger tremblement dans ma poitrine. Je me sens accélérée et ralentie comme au lendemain d'une longue nuit d'amour.

Malgré la mort récente et l'absence qui est là, que j'interroge dans mon cœur renversé, c'est le début du mois de mai, l'air est doux et je suis dans la vie. Antoine s'est réveillé, se dresse dans son lit à barreaux, à côté de nous. Je vois sa tête brune secouer ses cheveux, et sa main potelée me tendre son ours Hortense. Son corps souple culbute sur notre lit, rebondit et saute entre nous comme sur un trampoline. De ses bras écartés, il nous sépare, Mathieu et moi, en riant aux éclats. Nous embrassons et mordons ses orteils nus qui ressemblent à des Petits Lu. Il nous faudra bientôt visiter un appartement qui aura une ou deux chambres de plus, en rêve comme en réalité.

– Je ne suis pas en retard ?

Jean-François Peyret, le metteur en scène que j'attendais ce matin, consulte sa montre et s'assied énergiquement en face de moi. Je redresse mon dos contre la banquette rouge de la brasserie L'Univers, sur la place de Clichy, qui est calme le matin pour les rendez-vous professionnels. Jean-François me parle du courage incroyable de Charles Darwin, le biologiste du XIXe siècle qui a imaginé la théorie de l'évolution des espèces, un scandale à son époque.

– Une théorie affirmant que l'homme n'a pas été créé tel quel, tu te rends compte ? Pas facile d'avaler ça en 1860, pour les créationnistes ! Il en a reçu des insultes, ça a été dur, ça lui a filé des maux de ventre et des migraines terribles, mais il a tenu bon !

Jean-François a une grande admiration pour les scientifiques, pour la science en général, il veut la porter au cœur de son théâtre. La pièce n'est pas écrite, elle sera imaginée à partir des carnets de Darwin et d'autres lectures associées dont quelques romans contemporains. Elle s'appellera *Les Variations Darwin*. Il pense à une distribution de sept comédiens, un compositeur et un biologiste. Jean-François me parle de mon père, physicien quantique, il sait que je viens de le perdre, il me présente ses condoléances et aimerait que je rejoigne son projet.

– L'histoire d'un chercheur qui cherche un peu de clarté sur notre monde et notre origine ! Darwin, pour nous, aujourd'hui encore, c'est une figure moderne essentielle. Alors, d'accord ?

Quelque chose flotte sur la table comme une voile dans le vent, un souffle, un chuchotement. Il me regarde et il attend. Je plonge ma lèvre supérieure dans le café chaud, j'ai envie de me lancer dans ce projet, mais je ne peux pas lui dire que je suis enceinte, le début d'une grossesse est encore fragile, l'embryon pourrait ne pas tenir, deux mois c'est si peu, je dois garder encore quelques semaines le secret.

– C'est de septembre à décembre au théâtre de Chaillot ? J'en ai envie. Oui ! Tu penses, quelle super idée de parler de Darwin aujourd'hui.

Comme beaucoup de peintres ont commencé par peindre les membres de leur famille, j'ai toute jeune été d'abord inspirée par mes grands-parents. Ils ont été mes premiers rôles et modèles. À l'occasion d'un anniversaire, j'enfilais une chemise, une robe, un foulard. La représentation dans ce qu'elle avait de plus spontané : Vois comme je te vois, comme je te vis, comme je te devine et deviens toi. La sensation partait du ventre jusque dans mes cheveux, mon regard, mes orteils, la plante de mes pieds. J'étais devant ma grand-mère, elle me regardait, et moi, sa petite-fille, je la représentais dans sa vie quotidienne, dans ses expressions favorites. Je découvrais la joie qu'elle me faisait de se reconnaître, un instant, en moi. Je réalisais que j'aimais être cet autre, que je m'y sentais bien et que j'aimais sentir l'émotion des spectateurs, indissociable de ce jeu.

J'ai récité, dès dix ans, la tirade du nez de *Cyrano*, d'Edmond Rostand, ainsi que la ballade improvisée, pour le duel avec le vicomte – mon père me les avait apprises, avec les gestes et les inflexions qui lui semblaient appropriés. Vers treize ans, j'ai ajouté à mon répertoire *Le Menteur*, de Cocteau, étudié dans mon premier cours de théâtre. D'autres textes ont suivi, écrits par mon père, en alexandrins toujours, pour les occasions exceptionnelles. Ma famille aimait dire et entendre la poésie. Et en pensant à chacun d'eux, aujourd'hui, je les associe à un ou deux textes qu'ils disaient en particulier. Je sais qu'un être et quelques lignes de poésie peuvent correspondre et se ressembler.

Mon oncle Roland, par exemple, le jeune frère de mon père, était professeur de gymnastique et avait une passion pour les lettres. Il avait une mémoire extraordinaire et se récitait une dizaine de poèmes avant de s'endormir. Même dans ses périodes sombres, où il traversait régulièrement de longues dépressions, ne participant plus à aucune conversation, il récitait encore volontiers, si on le lui demandait, Heredia, Hugo, Racine, Lautréamont et, tandis qu'il prononçait les mots, le sens du poème le traversait, comme un rayon de lune dans la nuit, faisant briller son œil noir. Les poèmes avaient ce pouvoir. Un accès direct à l'intimité, à la chair, à la chaleur de la peau, au battement du cœur, à la couleur de la voix, à la respiration, à ce que nous sommes de plus spontané. Une relation à l'être dans ce qu'il a de plus profond. Apaisant les barrières de la maladie, sublimant la noirceur du chagrin. Comme un sculpteur ferait apparaître d'un bloc d'argile, en s'étonnant lui-même, un léger papillon, Roland, dans ses années fermées et silencieuses, pouvait encore dire les mots d'un poème, et devenir un passeur sublime, un messager des contrées secrètes. Je comprenais que la poésie pouvait briser beaucoup de chaînes et libérer le diseur, le temps de sa récitation, de son enfermement.

À quinze ans, j'ai appris toutes sortes de textes, de Pagnol à Pirandello, de Genet à Baudelaire, que je jouais dans mon cours de théâtre. J'attendais que la magie opère, que de ces mots prononcés un chant se libère, une voix large s'élève. Mais les mots dans ma bouche me semblaient encore raides, ils étaient peu assurés, mal patinés, je me sentais flotter dans les rimes comme dans un vêtement trop large pour moi, que je ne savais pas pleinement habiter. Il me semblait rester à la surface, sans savoir comment plonger. Et pourtant, les poèmes trouvaient d'eux-mêmes parfois le chemin des êtres. Au-delà de nos histoires, de notre sexe et de nos âges. Ces mots plus grands que moi, je pouvais simplement les dire, les laisser me rejoindre et s'incarner dans la vie que j'étais.

Mon grand-père, Michel, professeur de physique-chimie, interprétait magnifiquement « Les Elfes » de Leconte de Lisle. Il l'avait appris sur un disque qu'on lui avait offert pour ses dix-huit ans. Ce poème évoquait la course éperdument amoureuse et tragique d'un chevalier vers sa bien-aimée. Il le récitait en toute occasion, annonçant le titre d'une voix forte, et le traversait avec maîtrise, connaissant ses nuances, ses accélérations, ses retenues, ses emphases. Mon grand-père avait une forte présence et une modestie naturelle qui lui donnait un air tendre et distrait. Il incarnait pleinement ce récit d'angoisse et d'amour, de fantômes joyeux et mortels. Le directeur du conservatoire d'art dramatique lui avait proposé, à la suite d'une coupure d'électricité en pleine conférence sur le vieux Lyon, de déclamer dans le silence et le noir « Les Elfes » d'une voix grave et inspirée, et d'être jury pour les auditions d'admission.

Comme ce chevalier tremblant, mon grand-père aussi avait perdu son grand amour, ma grand-mère Violette, emportée par les Elfes de la mélancolie. Des accès dépressifs s'étaient emparés d'elle, avec une puissance contre laquelle il n'avait rien pu faire, lui qui pourtant était solide comme le roc. Ma grand-mère Violette était bipolaire – on avait encore si peu de connaissances sur cette maladie. Mon grand-père parlait de ses tourments, de sa mort, comme un amoureux blessé par un mystère : « On ne sait pas ce qu'elle avait… on dit que la dépression, c'est une question de chimie dans le cerveau… » La compréhension de ce monde émotionnel bouleversé lui était inaccessible, il n'avait jamais vraiment appris à parler de sentiments, il ne comprenait pas l'angoisse, mais il y avait ce poème, il pouvait le dire. Ce poème était devenu un compagnon de route, un souffle chaud dans la nuit, un caillou longuement caressé dans une poche, une évidence. Je ne me suis jamais lassée d'écouter « Les Elfes », je le réclamais en toute occasion, même quand il fut à l'article de la mort, sur son dernier lit, alors que la lumière du dehors perçait faiblement à travers les volets fermés. Là encore, il me l'a dit, comme un cantique familier, une conversation intime, une confession à voix basse, un aveu énigmatique.

(…)
Et sous l'éperon le noir cheval part.
Il court, il bondit et va sans retard ;
Mais le chevalier frissonne et se penche ;
Il voit sur la route une forme blanche
Qui marche sans bruit et lui tend les bras :
– Elfe, esprit, démon, ne m'arrête pas !

Couronnés de thym et de marjolaine,
Les Elfes joyeux dansent sur la plaine.

– Ne m'arrête pas, fantôme odieux !
Je vais épouser ma belle aux doux yeux.
(…)

À ma surprise, au troisième mois, un inconnu me propose son siège dans le bus et je comprends que je ne peux plus cacher mon ventre. Il semble que ce deuxième enfant prenne, dans cette « pièce » qui a déjà été habitée, plus rapidement ses aises encore que le premier. Il s'y installe confortablement et au large. Je peux encore mettre un jean taille basse mais je commence à chercher un pantalon taille homme pour la suite.

Mathieu a acheté ce matin des marguerites et des graines de fleurs à planter devant nos fenêtres et nous annonçons à nos enfants qu'ils vont avoir bientôt un nouveau frère ou sœur. Les enfants de Mathieu – Frédéric et Jane – sont d'abord silencieux, ils ont douze et huit ans et tentent de se figurer ce que représente pour eux cette nouvelle :

– Ah oui ? C'est vrai, l'autre jour, on se demandait, Irène, en te voyant sortir de la douche… dit Jane en regardant Frédéric.

– Mais c'est un garçon ou une fille ? demande

Frédéric, penchant sa tête vers mon ventre, pour se faire une idée.

– On ne sait pas. On a choisi d'attendre le jour de sa naissance pour savoir.

– C'est quand ?

– Dans six mois.

– Ah…

Ils sont déçus de ne pas avoir de réponse mais soulagés d'avoir un peu de temps pour absorber tranquillement la nouvelle. Ils esquissent un sourire d'encouragement et creusent des trous dans la terre pour poser les pieds de marguerites. Les mains dans le terreau avec eux, je pense à mon père et combien j'aurais aimé lui annoncer cette nouvelle.

– Six mois, c'est long ou c'est court ? demande notre fils Antoine qui n'a pas levé les yeux de la petite voiture rouge qu'il fait rouler consciencieusement sur le parquet.

Un rayon de soleil joue sur ses cheveux. De la profondeur du cosmos, des étincelles nées il y a près de quatre milliards d'années sont devenues ce que nous sommes ensemble dans cette cuisine, ce matin de juin. Quatre milliards d'années, c'est long ou c'est court ? Ella Fitzgerald chante magnifiquement « Lullaby of Birdland » sur TSF Jazz et nos fenêtres sont en fleurs. Antoine lance sa voiture énergiquement sur une ligne droite et dit :

– Vraouoooom !

Nous sommes sur la mobylette de Mathieu, je glisse une main sous son tee-shirt et caresse la peau de son torse nu presque imberbe, contrairement à la masse blonde, dense et bouclée de ses cheveux. Nous traversons la ville ou des champs de blé, il conduit et je me tiens tout contre son dos, derrière lui. Un chat est sur mes genoux, il plante ses griffes sur mes cuisses : il a peur de la vitesse. J'essaie de le rassurer, de le protéger, je caresse ses poils hérissés, je cache ses yeux avec ma main pour qu'il reste tranquille.

– Alors, échographie embryonnaire du 15 juin 2004… On y va ? Déshabillez-vous et posez vos habits sur la petite chaise, vous pouvez garder chaussettes et tee-shirt, dit le docteur Godard.

Mathieu et moi passons derrière le paravent pour procéder avec lui à l'échographie. Je m'allonge, le docteur tartine mon ventre d'une gelée bleue comme le ciel et froide comme de la neige. Il attrape un appareil qui ressemble à un téléphone et le pose sur ma peau.

– Ce gel est une application qui facilite la propagation des ondes. Et cet instrument est un émetteur-récepteur de faisceaux d'ultrasons. Il agit comme une caméra. Les échos renvoyés par vos organes permettent de visualiser le fœtus et ce qui l'entoure.

La main chaude de Mathieu se pose sur mon bras, nous entendons avec émotion, du haut-parleur de l'ordinateur, le battement de cœur de ce petit embryon.

– L'activité cardiaque est régulière.

– …

Le docteur Godard déplace l'émetteur-récepteur lentement sur ma peau bleue et soudain l'image apparaît, comme par miracle, sur l'écran de l'ordinateur.

– Voilà votre utérus. Normalement développé. On y observe un sac ovulaire au centre de la cavité. L'embryon, unique, mesure… hop… trente-neuf millimètres de longueur crânio-caudale, les ébauches de quatre membres sont visualisées. Il est mobile et pulsatile…

Pendant les dix minutes que dure cette prise de vue utérine, nous voyons sur l'écran ce qui est invisible à l'œil nu, nous observons comme par la fenêtre d'une fusée l'intérieur de mon ventre et nous apercevons un enfant qui a la forme d'un croissant de lune. Mathieu me tient la main, cette nouvelle vie est là, audible et visible par le hublot de l'ordinateur. Nous sourions à cette petite chenille blanche dans mon sac ovulaire. Nous regardons ce petit bout d'être, si loin et si proche, dans l'obscurité de mon utérus, qui apparaît comme une forme claire dans un triangle sombre. J'ai remarqué que les galaxies naissantes ont sur les photos une forme semblable à celle d'un embryon.

– L'ébauche du cordon est bien individualisée. La membrane amniotique est fine et tonique…

– …

– Parfait.

– …

– Impec.

– …

– Dix-sept millimètres.

– …

Le docteur note chaque mesure annoncée.

– Vingt et un millimètres.

– …

– Quinze millimètres, toc !

M. Godard secoue maintenant les boucles noires de ses cheveux, me propose d'essuyer la gelée sur mon ventre avec du Sopalin et de me rhabiller. Il rejoint son bureau, nous invite à faire de même et consulte attentivement la courbe d'un graphique.

– Dernières règles le 15 mars, donc dixième semaine de grossesse et quatre jours. Tac, ce qui me donne un jour de conception : le 1er avril.

Le 1er avril ? Nous prenons place en face de lui et nos lèvres s'étirent en un sourire. Les stores de la pièce sont baissés et dans la semi-obscurité, nous passons en revue la journée du 1er avril. Mathieu explore de la pointe de sa langue l'intérieur de sa bouche, la muqueuse humide, l'émail lisse, il glisse sur la courbe ferme et douce, joue pensivement avec l'écume de sa salive, la rassemble et se souvient. C'était un jeudi, le 1er avril. La lune avait vingt-deux jours. Nous jouions ensemble le soir. *La Mouette* de Tchekhov, Mathieu jouait Kostia et moi Nina. Avant d'aller au théâtre, nous avions fait la sieste et Mathieu plongeait dans mon bassin, j'étais la mer, il était le fleuve et ses affluents. Dans l'eau tempérée, indispensable à toute vie, nous étions devenus le va et le vient, le creux et le plein, le yin et le yang. Nous avions fermé et ouvert les yeux, nos paupières lourdes se soulevant à peine sur nos pupilles dilatées comme aux temps très anciens où nous étions grenouille ou océan. Enfin, nous avions repris notre souffle dans les rayons du soleil qui jouaient sur le bord de la fenêtre et les rideaux dansaient comme des draps dans le vent.

Les hommes et les femmes de la préhistoire faisaient-ils le lien entre une étreinte sexuelle et la surprise de voir le ventre d'une femme s'arrondir ? Les hommes comprenaient-ils leur paternité ou pensaient-ils que les femmes enfantaient seules, d'un rayon de lune, d'eau et d'étoile ?

– Il ou elle naîtra le 23 décembre, annonce finalement le docteur Godard.

La promesse d'un enfant a surgi un après-midi d'avril... Et un des premiers jours de mai, papa, tu es parti... Tu nous as quittés après une longue maladie. Depuis plusieurs années de traitements, la souffrance s'était imposée à toi, comme une solitude, une douloureuse séparation d'avec tout ce qui t'était possible *avant*. Avant les séjours hospitaliers et la thérapie lourde. Les premières semaines de traitement commençaient par la chute de tout élan. Toi, mon chevalier de l'univers, tu ne quittais plus ton pyjama rayé de coton. Tu passais la journée sous la couette, une main seule dépassant du drap. Parfois, tu t'asseyais et tu me disais en un sanglot :

– Je n'ai plus d'énergie. Je ne suis bon à rien. Pourquoi ? Je ne fais que dormir. Pourquoi ?

– ...

Quelques mois après le traitement, si les examens ne révélaient pas de bons résultats, il fallait faire demi-tour.

Reposer le corps quelques semaines et envisager un nouveau traitement, éprouvant et incertain.

– Je suis un cobaye, disais-tu parfois avec tristesse mais sans amertume.

Tu avais passé ta vie dans la recherche et respectais l'incertitude des jeunes médecins, ce « Ici on ne sait plus très bien » qui concluait leurs entretiens. On te parlait d'un nouvel espoir, d'un médicament qui n'était pas encore au point, mais que l'hôpital espérait bientôt pouvoir essayer sur toi. Tu étais affaibli, tu avais mal. Tu t'asseyais au bord de ton lit, dans ton pyjama, la tête plongée dans tes mains, les coudes sur les genoux, tu disais : « C'est comme un coup de bambou » et redemandais : « Pourquoi ? » Ton visage émergeait des paumes, comme espérant une réponse, cherchant à te réveiller d'un rêve. Tu regardais devant toi, mais les livres de la bibliothèque étaient bien fermés, la chambre muette et sa réalité blanche et froide. Quand je venais te voir, je te massais les mains. Je te proposais un thé avec du miel. Lorsque tu te sentais mieux, on allait à pied jusqu'à la poste, puis tu te recouchais.

– Merci. Je vais me mettre sous « la doudoune ». Excuse-moi, je suis tellement fatigué. Je ne fais que dormir.

Tu laissais une main dépasser de la couette, comme si elle espérait trouver une autre main qui la prenne et l'emmène vers le pays de la guérison.

Pourtant, ce dernier mois d'avril, tu semblais tranquille. Les traitements lourds et douloureux de chimiothérapie avaient été interrompus pour permettre de reposer ton corps épuisé. Le printemps était là avec ses jonquilles et ses forsythias, jaunes comme des soleils, qui dansaient dans le jardin. Les premiers bourgeons explosaient sur les branches de bois encore nues et une température douce nous permettait de déjeuner dehors. Nous étions passés pendant ces vacances de Pâques, Mathieu et moi ne savions pas que j'étais enceinte déjà, et nous souriions avec toi, tandis que Frédéric, Jane et Antoine cherchaient des œufs en criant au milieu des crocus mauves, jaunes et blancs qui jaillissaient de la terre. Ce sursaut de paix avait duré pour toi un long mois, comme ce chant mélodieux du cygne à l'approche du coucher de soleil de sa vie. J'avais le cœur presque léger au moment de te dire au revoir, comme si ce ne devait pas être la dernière fois. Mais ce 2 mai, à six heures du matin, à Paris, le téléphone a sonné et, traversant l'appartement pour aller décrocher, j'ai compris que ça ne pouvait être que la mort. J'ai eu froid, tandis que maman m'annonçait, de l'hôpital où elle venait de passer la nuit, que la veille au soir, après que tu avais regardé avec elle le journal télévisé, ton cœur avait lâché. Tu avais eu une crise cardiaque et il avait été décidé de te laisser partir en paix et non de te réanimer avec beaucoup d'incertitudes et de douleurs à venir. Vous étiez assis ensemble sur le canapé brun. Tu avais voulu te lever. Tu étais mort. Tu te sentais bien ce jour-là. Tu l'avais emmenée voir un film que tu avais déjà aimé, *La Vie des autres*, et vous aviez mangé une glace en terrasse. Une crise cardiaque, après un mois de printemps où tu avais pu mener une vie presque normale, dans ces cinq années de souffrances, était presque un soulagement. Dans ma peine, j'éprouvais de la reconnaissance que tu sois parti dans une journée de liberté et de plaisir, et je m'y accrochais.

Mon fils Antoine m'a rejointe dans la cuisine, dans son doux pyjama en coton, il a embrassé mes joues mouillées, tirant sur mes cheveux pour mieux s'emparer de moi, pour me faire un peu mal et se fâcher contre mes larmes. Puis il m'a regardée droit dans les yeux, son visage collé au mien comme à la vitre d'une fenêtre couverte de givre, et il a dit :

– Maman triste, grand-papa mort.

Nous sommes partis pour Genève, mes trois frères sont arrivés en famille, à leur tour, de pays lointains. Nous avons préparé ensemble la cérémonie, veillé le corps, accompli les démarches administratives nécessaires, l'esprit dans le chagrin et la confusion. Nous avons reçu l'aide et le soutien des amis, nous sommes passés devant le fauteuil vide, occupés à organiser l'absence ou le déjeuner. Nous avons campé à plusieurs dans nos anciennes chambres d'enfants, trouvant bon de nous rassembler. Le jour de ton enterrement, nous avons écrit et lu des textes qui parlaient de toi, nous avons serré les mains de ceux qui étaient venus, nous avons dit et entendu dans un souffle : « C'est la vie » et nous nous sommes dispersés dans des voitures tandis qu'il commençait à pleuvoir. Par la fenêtre de ta voiture, conduite par mon frère Bernard, qui nous emmenait jusqu'au crématorium, nous avons contemplé au-dehors un immense arc-en-ciel. L'arche de couleurs nous a accompagnés silencieusement à travers la vitre embuée, où coulaient de fines gouttes de pluie. Ce pont coloré dans le ciel nous a suivis sur un bout d'autoroute et le long du chemin jusqu'au crématorium, et nous a réconfortés. Pour nous qui cherchions un signe de toi, un quelque chose, un au-revoir, cet arc-en-ciel était là et nous tendait les bras.

Antoine m'a dessiné et colorié beaucoup d'arcs-en-ciel par la suite, qu'il découpait avec des petits ciseaux ronds et qui se diversifiaient en toutes sortes de choses. Il y avait de minuscules arcs-en-ciel à coller dans mon agenda, des plus grands à glisser dans un livre en marque-page, des très gros à coller sur le frigidaire sous une boule aimantée, à côté d'une photo et du planning scolaire de la semaine.

– Maman, c'est triste de mourir ? Et où on va quand on meurt ? a-t-il fini par me demander.

Ton absence, je la sentais comme une énergie

inhabituelle, dynamique et fébrile, réalisant que j'allais peut-être bientôt m'effondrer, à moins que ce ne soit cela, perdre son papa : une conscience aiguë qui me rappelait également à la vie ? Ou un sentiment de vertige devant le vide ? Mathieu s'approchait de moi pour me parler comme s'il fallait porter les mots, les aider à trouver le chemin de sa bouche jusqu'à mon oreille. Je répondais aux questions d'Antoine, qui s'étonnait déjà de la peine, de la vie et de la mort. Il me rappelait à son attention, il me voulait, moi, sa mère, là, attentive, pour lui. Je sentais sa présence et – sans le savoir encore mais je l'apprendrais la semaine suivante – celle de l'être que je portais en moi, comme l'évidence de la vie, plus forte que la mort.

Au troisième mois de grossesse, Mathieu a dû passer une échographie de contrôle pour des contractions abdominales. L'échographie était rassurante, et Mathieu l'a montrée à son frère Rémi, que nous avions retrouvé à la terrasse de L'Univers, sur la place de Clichy, juste en face du laboratoire. Rémi a ri :

– Oh, elle est belle ton échographie, frérot, mais je suis désolé, je crois que je préfère regarder celle d'Irène !

Mathieu était interdit, il n'avait pas pensé à ce rapprochement : avait-il, lui, envie de porter l'enfant ?

– Tu ne serais pas en train de nous faire une couvade ?

– Une quoi ?

Rémi a hoché tendrement la tête, a écarté la table et nous a montré l'arrondi que suivait la ligne de son pull à l'endroit du ventre.

– Ah, je connais bien le sujet, avec des petites bières en plus ! Ha-ha ! Adam, le premier homme, a bien accouché d'Ève, sortie d'une de ses côtes ! Sans parler de Jupiter qui a su enfanter de sa cuisse ! Et nous alors ?

Rémi est historien, a trois enfants, parle volontiers de tout et facilement.

– La paternité aussi, ça se manifeste physiquement ! Ça se rêve, ça s'invente, ça s'imagine. Cette séparation, dès la conception, se raconte d'ailleurs dans la mythologie de façons souvent compliquées. Vous vous souvenez de la naissance d'Aphrodite selon le poète grec Hésiode ? Aphrodite est la fille d'Ouranos, le ciel, dont les parties génitales ont été tranchées par son fils, Chronos, et lancées dans la Méditerranée ! Un jet de spermatozoïdes tombant comme la foudre dans la mer ! Mais dans l'écume réparatrice, comme une nouvelle rose dans un jardin, est née sur un coquillage une jeune déesse : celle de l'amour !

– C'est violent !

– Oui ! Tu penses ! Ouranos était fou de Gaïa : il se couchait en permanence sur elle, comme un drap trop serré sur un lit ! Il la fécondait tout le temps mais les enfants conçus restaient prisonniers de l'étreinte ! Alors un de ses fils a séparé d'un coup de serpe – c'est une image dingue – la terre du ciel, le père de la mère !

Devant nous, les voitures klaxonnent, le mois de juin passe, un groupe de lycéens se bousculent en riant vers la bouche de métro, une femme avec une poussette vient nous demander un peu d'argent pour acheter du lait à son bébé, nous lui donnons quelques pièces et nous sentons avec elle, minuscule et fragile. Rémi me prend par l'épaule, nous dit qu'il aurait aimé connaître mon père, qu'il doit certainement se trouver là, quelque part, il en est sûr, enfin c'est ce qu'il croit, nous dit-il en me frottant le dos et en caressant l'air, autour de nous, doucement, de sa main. Le garçon de café passe entre les tables avec son plateau, Rémi commande un verre et nous échangeons encore quelques nouvelles des enfants, avant qu'il ne reprenne son train pour Montpellier. Il bâille, s'étire.

– Figurez-vous que le mois dernier, j'étais dans un village hindou et j'ai assisté au mariage d'un jeune homme et d'une jeune fille qui était enceinte d'un puits !

– Qu'est-ce que tu racontes ?

– Tu vois, l'honneur de la famille était sauf – il ne s'agissait pas d'un viol ou d'une relation hors mariage –, elle était enceinte du puits sacré, le puits du village ! On m'invite le soir aux noces, les amoureux sont joyeux. Le lendemain matin, je croise sur la place le maharadja local, qui est en train de réparer son vélo. Nous bavardons et je lui demande s'il croit vraiment, lui, qu'une telle histoire de puits soit possible. Et le maharadja me répond qu'une explication qui aurait pour conséquence de lapider ou de chasser la jeune fille du village ne serait pas meilleure. Et il ajoute : « Le mystère est grand. » Eh ouais, le mystère est grand, rit Rémi en terminant son verre. Et profond ! Et réjouissant ! Allez, je file ! C'est bon de se voir ! Il est parfait ce petit vin de Loire. Alors on va se préparer à accueillir… ce petit être… On a le droit d'en parler ? Ou c'est encore un secret ? Oui ?

Mathieu est proche de ses enfants, il est attentionné : joueur, cuisinier, masseur de pieds, chauffeur de taxi, c'est un papa poule, mais son rôle, dans la perspective d'une grossesse, ne lui apparaît pas avec évidence. Il est heureux, se réjouit, mais il est légèrement sur ses gardes : quelque chose se passe, à proximité, mais quoi vraiment ? Et lui dans tout ça ? Quelle place a-t-il dans cette distribution ?

Mathieu me lance quelquefois, furtivement, un regard oblique et évalue sa situation. Comme à ma première grossesse, il cherche son équilibre, se tient en embuscade et semble se préparer à la défense ou à l'attaque de quelque chose. Il se demande quel sera son terrain d'action, comment faire son entrée, où poser son empreinte. Il est pleinement avec « nous » et pourtant séparé, son corps contre le mien semble parfois emprunté, comme s'il sentait que je n'étais pas seule et qu'il avait peur de déranger. Comme si nous étions, lui et moi, écoutés par un petit être que je cachais dans le placard. Je le sens se déplacer autour de « nous », il tente de s'habituer. Et si je lui cachais quelque chose ? Comme le nez au milieu de la figure, comme le ventre au milieu du corps, la cachette est visible, mais parfaite. Il y a anguille sous roche ! Son enfant grandit, invisible, sous les pulls, sous ma peau, dans le secret, intimement là, proche et inaccessible.

– Irène, où est-ce qu'on est avant de naître ? demande sa fille, Jane, qui met le couvert, en observant mon ventre qui dépasse légèrement de mon tee-shirt trop court, tandis que j'attrape les assiettes en hauteur.

– Tu veux dire avant d'être dans le ventre ?

– Oui, on est où ?

– On est tout seul, maman ? demande Antoine, inquiet.

– Est-ce qu'on peut choisir sa famille ? demande Frédéric.

– Et comment on fait si on veut dire quelque chose ? reprend Jane.

– Ah… On n'en sait rien ou peut-être qu'on a tous oublié, répond Mathieu.

Nous remontons les escaliers en spirale de notre vieil immeuble, les yeux émus étudiant le rapport de mon échographie du premier trimestre avec ses trois photos en noir et blanc. Nous essayons de comprendre chaque détail, de nous représenter chaque nouvelle, comme si nous lisions attentivement une carte postale venue d'un pays lointain. Mon utérus ressemble à un entonnoir blanc avec une noix de cajou grise au milieu. Nous touchons du doigt cette crevette de la taille d'une phalange et la présentons à Gérald et Micheline, nos voisins du troisième, qui sortent des sacs d'habits et des meubles sur le palier – leur appartement est jonché de cartons. Micheline va chercher lentement ses lunettes.

– Ah ben ça, avec la science d'aujourd'hui, on fait des photos... Je veux bien voir ça ! Attendez-moi ! Ah oui, chez nous, pardon, c'est le bazar ! On quitte l'immeuble, on part pour Cahors ! Oui, on a toujours dit qu'à la retraite, on partait !

Une retraite, une naissance ou une mort. Il faut

déménager, quitter la ville pour la banlieue ou la campagne, un pays pour un autre, trouver un nouvel abri, une étable, une chambre de plus ou de moins. Nous visitons leur deux-pièces, dont ils sont locataires depuis quarante ans, ils nous proposent de le reprendre.

– Ben oui, vous allez avoir besoin de place maintenant avec vos enfants ! Vous n'avez qu'une chambre, non ? Et nous, on s'en va ! Le propriétaire va peut-être vous le laisser ? Vous pourriez casser le plafond là, mettre un escalier… et vous seriez chez vous !

Nous téléphonons au propriétaire, M. Puits. Il souhaite vendre et a pris un train pour Paris avec une bouteille de sa région.

– Je n'ai pas envie de faire une affaire, vous comprenez, je suis né dans cet appartement ! On a passé notre enfance ici avec mes parents et mon frère…

Il est venu retrouver les lieux de son commencement. Son corps de soixante ans traverse les quelques mètres qui séparent la cuisine de la chambre avec une familiarité enfantine.

M. Puits ouvre la bouteille en évoquant quelques souvenirs, comme il aurait admiré dans le ciel le scintillement d'une étoile éteinte il y a soixante-dix millions d'années, mais qui brillait encore à ses yeux. Il tourne parfois la tête vers la porte d'entrée, comme apercevant encore quelques mirages du passé.

Je sais que dans ta famille, papa, les déménagements ont été la cause de grandes mélancolies, dont certaines insurmontables, la vente d'une pharmacie pour ta mère, Violette, un changement de ville pour ton frère Roland, un moment de bascule où se sont exprimés avec force une avalanche de regrets et un grand désarroi. Le déménagement était désigné comme la cause fatale – combien de fois as-tu entendu : « Ah si je n'avais pas quitté la pharmacie… » ou « Si j'étais resté à Belfort… » Un choix qui semblait avoir entraîné une vie dans une descente douloureuse et irréversible. Pourtant, toi, tu semblais libre de voyager et prêt à déménager dans un autre pays, tu parcourais le monde, l'univers même. Mais un jour que nous disposions autrement, avec maman, les meubles du salon – inversant la place du sofa et de la table des repas changeant les tableaux de place –, j'ai compris que tu avais aussi beaucoup de mal à supporter que ton cadre familier change. De retour à la maison, tu as découvert le nouvel aménagement avec une grande appréhension. Tu n'as pas pu terminer le repas, tu te sentais faible, tu as quitté la table ainsi déplacée et tu es allé t'allonger sur ton lit qui, lui, n'avait pas bougé. Nous avons vite tout remis en place pour que l'équilibre soit rétabli.

J'ai appris que maman avait trouvé difficile, quand j'avais un an et demi, de quitter sa vie parisienne – la proximité de ses amies et de sa famille – pour suivre son mari à Genève. Elle m'a parlé de la tristesse éprouvée à la suite de ce déménagement, s'excusant de se sentir absente, « dans un brouillard », alors que je venais juste d'arriver. Elle avait trois garçons, et elle se penchait sur moi avec la nostalgie d'une ville précédente. Elle m'a transmis, je crois, dès le berceau, une idéalisation de Paris comme de la ville que la plus belle femme du monde – celle qui se penchait avec ses longs cheveux blonds et un sourire triste – regrettait. Et, adolescente, je n'ai eu qu'une idée en tête : « revenir » à Paris – moi qui n'y avais pourtant jamais vraiment vécu. Et même quand elle ne le souhaitait plus, c'est moi qui à dix-neuf ans suis « revenue » y habiter comme une promesse faite à une fée. Je voyage toujours beaucoup et loin, mais encore aujourd'hui c'est ici que je « reviens ».

Je suis en avance à mon rendez-vous, je me promène dans la librairie du théâtre de Chaillot et trouve sur l'étalage principal un livre de mythologie grecque, que je parcours en attendant Jean-François. Je cherche l'histoire d'Ouranos et la retrouve telle que Rémi nous l'a racontée. Je découvre que selon les Grecs, avant le tout début de l'univers, avant le commencement du monde, bien avant la Genèse, avant les parfums et les couleurs, avant le temps et le vent, avant l'œuf et la poule, il y avait un trou non défini, un puits sans fond, sans fin ni commencement, où rien ne se distinguait, en un ensemble confus, que les Grecs appelaient Chaos. Puis la terre – Gaïa – en est apparue, elle enfanta le Ciel et les mers. De Chaos naquirent la nuit et le noir. La nuit, elle, accoucha du jour et de la lumière. Et d'autres oppositions naquirent encore, librement, les unes des autres, se distinguant dans un jeu de miroirs et de contraires.

Pour les scientifiques de la Grèce antique, le grand commencement était un puits ? Un trou ? Un chaos ? Je suis surprise de lire que le noir est né du chaos. Le chaos n'était donc pas noir, mais si dense que ni blanc, ni noir, ni aucune couleur ne pouvait s'en dégager ? Comme une toupie multicolore qui tourne si vite qu'elle en devient invisible ? Et la nuit a accouché du jour et de la lumière comme du néant naît la vie ?

J'achète le livre et me dirige vers le bureau de la direction. J'ai le trac. Ce n'est pas simple d'annoncer ma grossesse à mon metteur en scène.

Le directeur de Chaillot est soucieux. Il fait le dos rond quand il me croise dans le vertigineux escalier du théâtre, il s'écarte légèrement quand je viens lui parler. On dirait que quelque chose d'imprévisible, moi, s'avance vers lui, comme une grosse boule de neige. C'est risqué, une femme enceinte, dans une distribution, elle peut s'aliter, accoucher à tout moment ! Il n'y a aucune assurance, ce n'est pas raisonnable ! Il espère que ça ne va pas encore lui retomber dessus, il rentre les épaules. Mais mon metteur en scène, Jean-François, ne flanche pas :

– Formidable ! Félicitations ! Tu te sens assez en forme pour jouer jusqu'en décembre à Chaillot et faire la reprise en tournée début février avec ton bébé ?

– Bien sûr, mais si j'accouche avant mon neuvième mois ? Avant décembre et la fin des représentations, tu feras quoi ?

– Eh bien, on changera le texte ! On improvisera quelque chose ! On avisera ! C'est parfait, c'est ça *Les*

Variations Darwin ! Merveilleux ! Les changements ne me font pas peur ! J'aime le risque au théâtre, la beauté et l'imprévisible ! Quelle bonne nouvelle ! « Les espèces qui survivent ne sont pas les plus fortes ni les plus intelligentes, mais celles qui s'adaptent le mieux aux changements. » Comme dit M. Darwin : Adaptons-nous ! Tu vas bien ?... On commence fin août !

Le ventre qui était petit et lourd est devenu au quatrième mois inversement gros et léger, je suis en forme, dopée d'hormones et l'air a la liberté d'un mois de juillet. Nous lançons les travaux de l'escalier entre les deux appartements et quittons Paris avec les enfants pour le festival de piano de La Roque-d'Anthéron. Je vais lire en public des extraits du « Voyage d'Ulysse », accompagnée d'un grand pianiste polonais qui jouera des œuvres de Szymanowski inspirées par le récit d'Homère.

Après cette lecture-concert, nous prolongeons de quelques jours notre séjour dans ce festival et nous invitons ma mère à nous y rejoindre.

– Quelle bonne idée de vous retrouver ici. En ce moment, je me replonge dans mes partitions de piano, que j'ai longtemps délaissées pendant la maladie de ton père, je n'avais plus envie de jouer. Mais ça revient. Comment vous portez-vous ? Comme j'aime cette lumière du Sud de mon enfance, merci !

Les concerts sont en plein air et les festivaliers se promènent le long des allées de platanes et de séquoias géants et centenaires. Les pianistes, accompagnés d'un orchestre de feuilles dans le vent et de cigales, jouent de l'après-midi jusqu'à l'aube. Le soir, ma mère, Mathieu, Frédéric, Jane, Antoine et moi écoutons de merveilleux musiciens faire valser les touches noires et blanches. Ce soir, au programme, une sonate de Beethoven. Elle nous surprend soudain à travers les siècles, nous chante son poème intemporel, les notes caressent physiquement nos peaux dans la nuit, réveillent des mémoires endormies, touchent nos cœurs et s'envolent jusqu'aux étoiles.

Ma mère pleure doucement, elle qui, me dit-elle, ne pleure pas assez. Sa sœur et un de ses frères étaient morts en très bas âge et sa mère lui demandait de ne jamais pleurer parce qu'*elle*, elle était vivante. Mais elle laisse ce soir la culpabilité de vivre pour vivre pleinement ce qu'elle ressent, l'absence de celui qui a partagé sa vie pendant plus de cinquante ans. Je pose une main sur la sienne, je rabats ma robe qui se soulève avec le vent, je mets instinctivement une main sur mon ventre rond et pense :

– Est-ce que toi aussi, sous ma peau, tu entends cette sonate de Beethoven ?

– …

Je m'habitue à parler en silence aussi à ce petit être invisible, avec pour réponse un autre silence, parfois un léger déplacement et cette sensation tangible d'une vie à l'intérieur de la mienne.

Antoine, lui, se couche sur moi, de tout son poids, pendant les applaudissements, cherchant une place sur mes genoux, et murmure :

– Maman, tu pourras me porter ? Quand est-ce que tu pourras me porter à nouveau ?

– Là c'est moi qui te porte ! dit Frédéric en le faisant monter sur ses épaules et en courant dans la nuit.

J'embrasse un inconnu qui entre dans ma chambre. Il est grand et mince. Je ne sais pas comment il est entré, je regarde son visage et il me dit qu'il va bien. Je lui demande comment il le sait. Il me répond qu'il en a quelques indications. Fascinée, je lui demande lesquelles. Il me répond et j'oublie sa réponse.

Comment puis-je savoir que ce petit bout d'être, en moi, se porte bien ? Parfois je suis inquiète quant au bon déroulement de ma grossesse et ma mère me rassure. « Tu dois faire confiance, me dit-elle, moi j'ai toujours eu confiance pendant mes grossesses, même si je n'y pensais pas beaucoup. » En m'étirant dans les draps, je décide de prendre ce rêve comme un signe. Je colle mon ventre contre le dos nu de Mathieu qui dort encore, je pense à ce petit inconnu qui est entré mystérieusement en moi, dans ma chambre profonde, sans porte, je suis sa chrysalide, son nid, sa coquille… je souris d'entendre qu'il va bien.

Le ciel est haut et bleu, l'eau est douce et fraîche. Nous sommes dans les Cévennes. Je flotte légère dans le courant, je fais la planche et regarde comme une île mon ventre émerger de l'eau. Les gouttelettes sèchent rapidement sur mon petit dôme éclairé de soleil. Je lèche mes lèvres, la rivière a le goût de caillou. Je me pose sur un rocher de granit chaud pour sécher sous les chênes verts et m'endors, bercée par le chant de la chaleur.

Quelques gouttes sur mon dos : Mathieu sort de la baignade, s'allonge à côté de moi. Nous paressons ensemble toute la journée sur les rives du Gardon. Nos joues collées au rocher, nous apercevons sous nos cils mouillés Jane, agile et blonde, qui escalade une paroi rocheuse pour plonger dans les profondeurs du lit de la rivière. Antoine a ramassé sur la rive un galet blanc et Frédéric lui apprend à faire des ricochets. Antoine compte les joyeux sauts du caillou lancé obliquement à la surface de l'eau, il se trémousse dans ses bouées orange :

– Un ! Deux ! Droit ! Huit ! Quatre ! Six ! Pouf !

Comment imaginer une équation mathématique qui prendrait en compte le nombre de sauts de ce galet, sa vitesse, la surface de l'eau mais aussi la joie de lancer le caillou, le rire de l'enfant, le soleil qui joue sur le dos de Mathieu, le parfum de menthe poivrée, la parenthèse de cet après-midi d'été ?

– Maman, ce soir on dort tous à la belle étoile ?

– D'accord, mais c'est vous qui descendez les matelas et les sacs de couchage sur la terrasse ! dit Mathieu.

– Wouahhhhhhh !

Mon plus jeune frère, Bernard, avait reçu pour son anniversaire une carte du ciel et nous cherchions à reconnaître avec lui le Cygne, le Dragon, Cassiopée, Vénus. Nous aimions passer cette « nuit des étoiles filantes », mes trois grands frères et moi, à dormir dans le jardin de notre maison familiale en Bretagne. Après quelques batailles d'oreillers, je m'endormais la première, collée contre Bernard, et nous nous réveillions au milieu de la nuit pour observer le trajet de la lune, le ballet des constellations qui tournaient sur un axe autour de l'Étoile polaire, comme les images d'une lanterne magique. Bernard se demandait ce que les hommes des cavernes pensaient devant ce spectacle céleste. Comment comprenaient-ils la présence de ces diamants dans le noir ? J'admirais toutes les questions de Bernard et jamais je n'avais pensé que les étoiles étaient si anciennes. Je m'offrais tout entière à la beauté de ce voile d'or qui nous enveloppait. Je plongeais dans les étoiles et dans la nuit, dans ce monde lointain, scintillant, invisible le jour. Mes grands frères me racontaient des histoires qui me faisaient peur, avec des monstres et des fantômes, riaient à des blagues que je ne comprenais pas toujours. Nous nous confiions des secrets qui étaient inventés de toutes pièces. Enfin, nous comptions les traces des étoiles filantes comme des traits blancs tombant dans la nuit et faisions silencieusement des vœux jusqu'au lever du jour.

Papa, tu nous avais expliqué que ce n'étaient pas des étoiles qui tombaient mais des astéroïdes qui brûlaient dans la stratosphère et se consumaient intégralement dans leur course.

– Est-ce que toutes les étoiles meurent, papa ? demandait Bernard.

– Oui, répondais-tu, en nous aidant le matin à secouer et ranger nos sacs de couchage. Et quand une étoile de plusieurs dizaines de masses solaires est en fin de vie, elle implose en supernova.

– C'est quoi ?

– C'est une gigantesque explosion lumineuse qui pourrait faire croire à un observateur lointain à une naissance, mais en réalité son cœur s'effondre et devient un trou noir d'une intensité folle.

Les cheveux en pagaille, je regardais le jour se lever, le ciel clair effaçant les étincelles d'or. Se réveillaient devant moi un jardin d'herbes sèches, de fleurs éternellcs d'un jaune foncé et un cyprès tourmenté par le vent, avec ses ombres longues comme des cernes doux sur le sol. J'associais spontanément ces mots – trou noir, intensité folle, cœur qui s'effondre... – à un monde interne, à des émotions fortes et humaines, à une réalité sensible, fascinante, à une peur cachée, tremblante.

– Papa, le trou noir n'est pas vide ? s'étonnait Bernard en cherchant son short que Tom lui avait caché.

– Non, ce n'est pas vide ! Bien au contraire ! Un tas d'événements imprévisibles que les physiciens n'identifient pas encore s'y développent. Il sécrète par exemple de l'antimatière. On dit qu'il est noir parce qu'il est dense, la lumière ne peut pas le traverser, alors on ne le voit pas, il est invisible. Mais son action est importante sur son environnement, il peut dévier par exemple les trajectoires des étoiles proches. C'est comme ça que nous discernons sa présence.

– Mais, papa, pourquoi est-ce que l'univers est infini ? Parce qu'il est en expansion ? demandait Niels, en s'étirant de ses deux bras tendus.

– C'est ce qu'on essaie de comprendre. Mais disons que pour le moment, on ne connaît vraiment que cinq pour cent de l'univers.

– ... Mais comment c'est possible de dire cinq pour cent, puisque c'est infini ? disait Tom en jetant une pomme de pin sur le ventre de Niels.

– Disons qu'on ne connaît que cinq pour cent de la composition de la matière dont est constitué l'univers.

– ... Seulement ? Cinq pour cent c'est très peu ! riait

Bernard, en lançant une espadrille de Tom loin dans les herbes folles.

Et de quoi pouvaient donc être composés les quatre-vingt-quinze autres pour cent de l'univers ? Mon père parlait de « matière cachée ». Cachée ? Comme ce que je ne savais pas encore de la vie ? Comme le printemps se cachait derrière l'hiver ? Comme les rêves ou les cauchemars qui surgissaient dans l'inconscient de ma nuit ? Comme la délicieuse cachette sous le cyprès, où j'avais posé une couverture et une dînette pour mes poupées ? Comme un bébé se cachait dans un ventre rond ? Comme un enfant se cachait derrière les rideaux du salon ? Comme le soleil vient après la pluie ? Comme une joie de vivre qui s'oubliait derrière un regret ? Comme une tristesse qui se cachait derrière un sourire ? Comme les fantômes qui logeaient dans le renfoncement des tunnels ?

Mon père s'était assis sur les marches en pierre de la maison, c'est de là que chaque soir il regardait silencieusement le soleil se coucher, en fumant sa pipe. C'est de là qu'il réfléchissait à l'infini ou aux choses profondes sur lesquelles on a peu de prise, le deuil d'une personne aimée, le sourire d'un nouveau-né, un déménagement, le mystère des pyramides, une éclipse de lune dans la nuit, entortillant une courte mèche de cheveux qu'il faisait tourner autour de son index. Je venais m'asseoir sur ses genoux, j'étais la plus petite et c'était mon privilège.

– Papa, le Big Bang, ça a vraiment commencé par une soupe ?

– Oui. Ça aurait d'abord commencé par une soupe extrêmement chaude de quarks et de gluons… Mais pour le moment, on ne sait ce qu'il s'est passé vraiment que quelques microsecondes *après* ce Big Bang. *Avant*, on ne peut qu'essayer d'imaginer.

« Soupe » était le seul mot scientifique que je comprenais. Ce mot utilisé par mon père, je l'ai retrouvé, adulte, dans les manuels scientifiques qui utilisaient des termes complexes. Pour « soupe », ils n'avaient pas trouvé plus précis.

– Il ne manque qu'une petite seconde à ce qu'on peut savoir de la naissance de l'univers ? demandait Tom, en faisant un croche-pied à Bernard.

– Moins que ça ! Une microseconde. Mais ce qui est beau dans la physique quantique, c'est que pour nous, ce laps de temps est infiniment petit, mais pour l'univers, il est encore relativement immense ! Il faut que vous imaginiez des échelles et des valeurs de temps bien différentes des vôtres, de celles que vous connaissez ! Car dans cette étincelle de temps qui nous sépare du Big Bang – 10^{-43} seconde exactement – les états transitent à une vitesse et une intensité folles, les énergies qui s'en libèrent sont infinies, il s'y passe des choses décisives, et notre connaissance en est très faible. De ce qu'il s'est passé avant cette microseconde, on ne sait encore que bien peu de choses.

– Eh bien, moi je sais ce qu'il y avait avant l'univers !
– Ah ?
– Il y avait rien !
– Ah ? Et dans ce rien, il y avait quoi ?
– Euh…
– Ha-ha, elle est vraiment trop bête !

Mon explication du début de l'univers se faisait déjà la malle, laissant un petit sourire sur mes lèvres. Mes frères se moquaient de moi. Parce que c'est un peu drôle le mystère. Ça nous joue un tour, c'est comme une devinette. Comme dans cette histoire d'*Alice au pays des merveilles* – que j'adorais – où un chat s'amuse à disparaître en pleine conversation devant la petite fille, ne laissant de lui que son sourire énigmatique de chat.

Pour nous aussi, ta mort a ressemblé, papa, à une énergie lumineuse d'une grande intensité ainsi qu'à un grand voile noir. Ton cœur s'est effondré en une présence invisible qui danse autour de nous et nous dévie légèrement de nos cours. Comme un vacillement que je sens dans mon équilibre, quand je pense aujourd'hui à toi et à ceux que j'ai aimés et perdus.

Et qu'étions-nous avant notre naissance ? Une main sur mon ventre plein, dense, je pense à cette présence encore invisible mais tangible, à ce sourire qu'on appelle un sourire d'ange, un croissant de lune, et que je verrai bientôt. Est-ce qu'on sourit déjà dans le ventre de sa mère ?

Je me souviens de ce sourire qui flottait quelquefois sur le visage d'Antoine à ses premiers jours. Je le berçais, à la maternité, encore déboussolé du voyage, arrivant avec étonnement d'un monde chaud, liquide, indistinct dans une chambre d'ombre et de lumière. Je contemplais ce sourire qui le traversait de bien-être, la bouche entrouverte, béate, détendue, un sourire à son insu, pour lui-même, mon téton encore voluptueusement dans sa bouche, l'odeur du lait mêlée à celle de ma transpiration, la douceur de ma voix qui lui parlait, de mes cheveux doux qui le touchaient. Et je plongeais dans ses yeux bleu-brun grands ouverts comme dans un océan. Ils ne me distinguaient pas encore. Il ne connaissait pas encore les cycles du jour et de la nuit, son rythme était celui du sein, des bras et du sommeil. À travers les cloisons, j'entendais d'autres vies parallèles, d'autres bébés – leurs voix n'étaient pas encore puissantes, on aurait dit des couinements de dauphins –, les mères se réveillaient et parlaient doucement à leurs nouveau-nés, fredonnaient des chansons, les promenaient dans l'obscurité des couloirs. Un univers ralenti, comme une longue matinée, une grande couveuse.

C'est en quittant une maternité que tu as fait ta découverte majeure en physique, papa. Ton premier fils venait de naître, tu conduisais en pensant à ton nouveau-né, tu venais de le porter dans tes bras et tu as eu, au volant, une révélation, un euréka. C'est maman qui me le racontait. Car tu parlais peu de toi, ou alors comme d'un village lointain que personne vraiment ne pourrait visiter de toute façon. Et puis, pourquoi te raconter, tu étais là et cela suffisait bien. « Je ne me souviens plus bien », disais-tu, en grattant tes deux bras comme un ours égratigné qui avait froid. Ce n'était pas de l'amnésie, j'entendais le souvenir dans ta voix, c'était juste les mots qui ne sortaient pas de ta bouche. J'entendais dans ce silence les peines que tu voulais laisser endormies. Ce que je sais de tes inquiétudes d'enfant, je le sais par maman : les dépressions de ta mère, les séjours en clinique, les profonds désarrois aussi de ton frère, les années d'internat, jeune, pendant la guerre, circoncis et avec un nom comme le nôtre, te pensant juif sans savoir exactement ce que cela signifiait, sinon une menace terrible de déportation, une nécessité de se cacher, d'avoir peur et de trembler chaque nuit. Moi aussi, encore aujourd'hui, je rêve qu'on me déporte parce que je suis juive, même si nous ne le sommes pas. Comment ne pas être traumatisé par l'histoire de la déportation, qui nous concerne tous. Quand je te confiais une peine, grande ou petite, tu écoutais, silencieux, avec un petit sourire triste, pinçant les lèvres et hochant la tête. Jamais tu ne t'aventurais à expliquer un chagrin, à le relativiser, à le comparer. Tu m'écoutais attentivement, cherchant sur mon visage une parole qui te viendrait, puis regardais par terre, comme pour t'excuser de notre ignorance sur ce sujet plus encore à ce moment-là que sur l'univers et ses formes inconnues. Pour t'excuser de ton silence aussi, car tu aurais été bien incapable de te confier à ton tour. « Eh oui », disais-tu silencieusement, en te frottant les bras et en me tapotant doucement l'épaule.

Si je vous demandais un souvenir heureux, à maman et toi, à la table de la cuisine, comment vous vous étiez rencontrés par exemple, tu la regardais, l'encourageant, elle, à raconter. Toi, tu hochais la tête et confirmais son récit, surpris qu'elle puisse raconter si bien, avant de plonger le nez dans ton café pour te remettre de l'émotion que la bousculade d'un souvenir avait su déclencher. Elle était étudiante en psycho et toi en physique quantique, vous étiez tous deux pensionnaires, elle était venue dans ta piaule prendre le café avec des amis, vous aviez ensemble fait la vaisselle, et vous vous étiez plu. Tes collègues disaient de toi que tu étais le bon Jacq, on pouvait compter sur toi ! Tu avais un scooter, tu lui avais fait faire un tour et lui avais offert des jonquilles. Alors tu me regardais en haussant légèrement les épaules, eh oui, c'était arrivé exactement comme ça. Et maman te regardait, attendant un détail que tu pourrais peut-être ajouter, un mot clé qui manquait au récit, mais non, tout y était, c'était ça. Et puis, vous vous étiez embrassés dans le jardin du Luxembourg… ajoutait alors maman. Alors oui, évidemment, oui, tu hochais à nouveau la tête. Tu savais bien parler des livres que tu lisais, de la construction des cathédrales, du mystère des pyramides, de l'histoire des révolutions, des civilisations antiques, de voyages, des gens que tu rencontrais en physique, des sentiers de montagne que tu préférais. Tu étais doux, parlais aux vaches, aux ânes et aux chats, tu aimais le chocolat et dessiner Donald dans toutes les situations possibles, tu t'habillais en Schtroumpf pour la revue annuelle du CERN qui était une tradition, mais parler de toi, ce n'était pas habituel, tu n'aurais pas pu raconter un souvenir d'enfance. Et puis un jour, vers la fin de ta vie, tu as commencé l'écriture d'un livre personnel, tu as essayé de t'engager sur cette voie nouvelle. Si tu ne pouvais parler, tu tenterais d'écrire. Tu as été interrompu.

Ton euréka, ta grande découverte, m'a raconté maman, avait eu lieu sur une route de l'État de New York où tu conduisais, à vingt-quatre ans, le cœur renversé, au volant. Tu pensais à ce fils qui respirait et criait pour la première fois de sa vie ! Tu avais garé ta voiture sur le côté et tu avais appelé ton directeur de recherche. Tu lui avais annoncé en même temps ta découverte et la naissance de ton premier fils :

– Il faut prendre en compte la rotation d'une particule dans le calcul de sa vitesse lors de son déplacement ! On pourra appeler ça l'hélicité !

– Mais oui, René ! C'est simple mais c'est génial ! Ça alors ! Certaines particules ont une masse, d'autres n'en ont pas, mais elles tournent toutes sur elles-mêmes, projetées sur un axe. Imaginons l'équation qui prendrait en compte cette rotation ! Félicitations, René, comment s'appelle ton fils ? Tom ? C'est magnifique !

Tu disais que la mécanique quantique était contre-intuitive, que sa logique choquait, renversait le sens commun. Que l'univers quantique comptait peut-être vingt-trois dimensions et qu'il fallait que l'esprit du physicien soit ouvert, vif, quitte les sentiers battus, déplace de ses certitudes pour oser une compréhension nouvelle !

– Choque-moi ! Choque-moi ! semble nous dire l'univers qui se paie bien notre pomme et rit de bon cœur quand nous essayons de nous figurer l'infini !

Quand tu t'adressais à des jeunes scientifiques qui te demandaient conseil, tu disais que le physicien théorique faisait intuitivement ses plus grandes découvertes avant vingt-cinq ans. Le grand éclair se passait très tôt, disais-tu. Et le reste de la carrière consistait à prolonger cette intuition, à la prouver mathématiquement, à publier des articles, organiser et financer des recherches, à orienter les générations suivantes vers de nouvelles découvertes. Mais attention, mettais-tu en garde, le monde de la recherche fondamentale était vaste, le chercheur ne savait pas ce qu'il allait trouver, il pouvait facilement se perdre en route : il avait besoin d'un guide, de choisir rapidement une spécialisation ! Chacun devait exceller sur un sujet. La physique quantique avait besoin d'une précision absolue. Quitte à ne connaître qu'un morceau du puzzle, il fallait s'en tenir à ce seul morceau ! La science était un travail d'équipe ! On se réunissait par la suite pour envisager, à partir du partage de ces connaissances éparses, une compréhension plus globale.

Tom vit aujourd'hui aux États-Unis, pas loin de l'endroit de sa naissance. Il est devenu un grand chercheur lui aussi, mais dans un domaine tout autre, la chimie de l'atmosphère.

– Je suis sûrement le meilleur du monde dans mon domaine, mais je ne connais vraiment bien que ça, me dit mon frère aîné. Je suis formé à l'excellence dans un sujet précis et dans ce sujet seul. Je ne peux pas te parler de mon travail en particulier, tu ne le comprendrais pas. Je participe à des conférences avec d'autres scientifiques qui travaillent sur le réchauffement planétaire, je monte des dossiers pour financer des recherches, des lancements de fusées, de sondes dans l'atmosphère, je rassemble des équipes, je dirige mes étudiants dans leurs thèses... Nous publions des rapports sur les menaces écologiques, sur les conséquences du réchauffement climatique, mais beaucoup de gens qui occupent des positions décisives ne nous écoutent pas. Pourtant, tu penses bien que nous sommes extrêmement compétents, les meilleurs, pour établir un diagnostic.

Nous nous sommes allongés Antoine et moi dans le hamac rayé jaune et blanc que nous avons accroché à l'ombre d'un pied de glycine. C'est l'heure de la sieste.

Je lis le carnet de voyage où Charles Darwin raconte ses cinq années d'expédition sur le *Beagle*. Il observe des coquillages, des fossiles de mammifères géants et en déduit des extinctions récentes d'espèces, qui ne sont pas les conséquences d'une catastrophe naturelle. Il étudie la végétation, la faune, les divers organismes à travers le monde et élabore bientôt sa révolutionnaire théorie de l'évolution des espèces. Elle est contraire à ce qu'affirme l'Église de son époque. Contraire à la perfection d'un monde immuable, créé une fois pour toutes, tel quel, par une volonté divine. Il fait part dans son journal de ses craintes, redoutant d'être considéré comme hérétique. Il sait que la société refusera de croire au transformisme, à la sélection naturelle et s'indignera. Mais comment supporter de se taire quand on découvre avec certitude ? Il renonce à la gloire tranquille et décide de défendre ses théories. Il en éprouvera de grands maux physiques, toute sa vie, blessé par les accusations qui vont le tourmenter. Je suis touchée par cet homme qui défend l'idée d'une humanité libre, qui est déchiré entre la vérité et le respect de sa religion. Je souligne des passages au crayon et pense à mes répétitions prochaines, tandis qu'Antoine dort, la tête sur ma poitrine, son corps détendu tout contre moi. Jane s'approche de la terrasse et chuchote près de nous :

– Je peux t'aider à faire le puzzle ?

– Tu es trop petite, lui répond Frédéric, concentré.

– Il y a un morceau de bleu ici, dit Jane en ramassant une pièce par terre.

– C'est le ciel en haut, explique Frédéric.

– J'en fais quoi ?

– Si tu veux, tu cherches les autres morceaux de bleu et tu en fais un petit tas… On verra après.

– … Il y a plusieurs sortes de bleu ? demande Jane.

– Oui.

– J'aime bien le ciel.

– …

– J'aime bien t'aider.

– Qui vient se baigner au Gardon ? lancent d'une voix forte Mathieu et son frère Rémi qui vient juste d'arriver de la gare.

– MOI !!! crient en chœur Frédéric, Jane et Antoine

qui culbute hors du hamac et court les rejoindre en bas du jardin.

Je vais me baigner une dernière fois et préparer notre valise puis quitter la beauté des Cévennes. J'ai promis à ma mère de la seconder pour organiser le tri des vêtements de mon père, pour ranger son bureau, faire des cartons de livres scientifiques à offrir… Mes frères l'ont aidée cet été à démonter des meubles, à remplir des papiers, à vendre sa voiture… Mathieu nous conduit à la gare d'Alès et j'arrive le soir avec Antoine à Genève.

Il est encore tôt et j'ai ouvert les rideaux de ma chambre. Ma mère a aperçu un rai de lumière sous ma porte, elle a enfilé sa robe de chambre de coton rouge et est venue me porter un petit déjeuner au lit. Nous regardons le soleil se lever sur le pommier. Je bois le thé chaud et y trempe les tartines beurrées. Nous parlons doucement, pour ne pas réveiller Antoine dans la chambre à côté. Ma mère cale affectueusement un oreiller dans mon dos, avant d'ôter ses lunettes et de s'allonger à côté de moi.

– Je ne me souviens pas d'avoir eu de pensées vers mes bébés quand j'étais enceinte…

– Tu devais y penser quand même.

– Hmmm… Pas sûre.

– Tu nous sentais bouger.

– Tu le sens déjà bouger ?

– Non, pas encore.

– … Tu m'as dit que vous alliez commencer bientôt, Mathieu et toi, des séances d'haptonomie. Qu'est-ce que c'est ? Ça veut dire quoi, « haptonomie » ? Vous en aviez suivi en attendant Antoine aussi ? D'où vient ce mot ?

Elle se relève pour prendre *Le Petit Robert* sur la table de nuit.

– J'aime chercher dans le dictionnaire. Tiens, « haptonomie : vient de la racine *hapto*, toucher. Toucher dans le sens physique et émotionnel ». Hmmm… Ça nous aurait fait du bien à ton père et moi ! Ce n'est pas quelque chose que nous avons pu beaucoup partager. Ton père était un puits de connaissances mais avait tellement de mal à parler de lui, même pendant ses derniers mois, je lui demandais toujours ce qu'il ressentait, mais c'était tellement difficile. Et moi, quand je pense que je ne me souviens même pas de mes grossesses. Je ne me souviens de rien autour de ces moments… Peut-être est-ce d'avoir vu ma mère tant pleurer, quand elle était enceinte ? Sans que je puisse la consoler de la mort de mes jeunes frère et sœur ? Mais, en tout cas, je sais que j'ai toujours eu confiance, je n'avais pas peur.

– Et peut-être que tu as oublié, mais que tu y pensais.

– Tu sais, c'est nouveau pour moi de vivre mes émotions. Petite fille, je m'interdisais, par culpabilité sans doute, de ressentir quoi que ce soit. Ma mère m'avait dit : « Toi, tu es vivante, tu n'as pas le droit de pleurer. » D'ailleurs je ne ressentais pas beaucoup de joie non plus. Une émotion, c'est physique, je découvre ça maintenant de façon forte, ça me vient d'un coup, parfois la nuit. Et, en ce moment, penser à ton père, ressentir ce que je vis, c'est une de mes priorités. J'ai besoin de ça. Comme de me réjouir d'être avec toi et de regarder ensemble cette lumière ce matin. Mais alors dis-moi, qu'est-ce que c'est, une séance d'haptonomie ?

Ma mère se rallonge, pose un avant-bras sur ses yeux pour écouter au calme. Comme beaucoup de femmes de son temps, elle a fait aussi des enfants, parce que c'était normal, une femme enceinte, c'était dans l'ordre des choses. Elle n'avait peut-être pas imaginé ressentir quant à une grossesse ni un choix ni un plaisir particulier.

– En attendant Antoine, j'avais entendu parler à la radio de la pratique de l'haptonomie et j'ai eu envie d'essayer avec Mathieu. Les deux parents doivent être présents à la séance. La première commence entre le cinquième et le sixième mois de grossesse, quand l'embryon est devenu un fœtus assez développé pour être en mesure de communiquer. C'est d'abord une mise en relation entre le père, la mère et l'enfant. Et les quelques séances suivantes sont un accompagnement physique de la grossesse, jusqu'à une préparation à l'accouchement.

Maman me répond d'un « Hmmm » que j'entends tantôt comme un encouragement à poursuivre, tantôt comme un rire léger, tantôt comme un doute, tantôt encore comme l'expiration longue et timbrée qui accompagne l'esprit entrevoyant la solution d'une longue énigme.

– Je m'allonge sur la table, avec le ventre dans ce sens, là, au milieu ?

– Plutôt que le ventre, vous pouvez dire le bébé. Mathieu, vous êtes Mathieu ? Posez votre main là. Comme ça, ici ! Vous sentez toute sa maison ? Cet espace, c'est le berceau du bébé.

– … ?

– Vous le sentez ?

– …

– Ne regardez pas le sol. Regardez Irène, sa maman. L'haptonomie ce n'est pas en vous mais vers le contact.

Mathieu et moi avions envie de rire, la séance nous avait bousculés dans ce que nous étions ensemble habituellement et cette qualité de contact nous intimidait. Nous devenions particulièrement attentifs l'un à l'autre, extrêmement présents, autrement et légèrement empruntés.

– Mais oui, c'est bon de rire ! Irène, à vous. Est-ce que vous le sentez ?

– Oui, là, j'ai senti quelque chose !

– Et vous, Mathieu ?

– Non.

– Pas encore. Alors, Irène, on va faire un jeu : avec

votre main, emmenez maintenant votre bébé dans la direction de votre cœur.

– … ?

– Donnez-lui toute votre tendresse avec votre main.

– Je ne sais pas s'il me suit, s'il se déplace…

– On ne dirige pas… mais on accompagne, on soutient. Une façon de dire simplement : Je suis là. Comme un jeu.

– …

– Cherchez un contact léger. Irène, ce n'est pas forcément en y allant fort qu'on dit : Je suis là ! Vous le sentez venir au creux de votre main ?

– …

– Vous le sentez venir ? Non ?

– J'essaie.

– Et vous, Mathieu ?

– Non.

– C'est juste une sensation de présence au creux de la main, il ne faut pas attendre à chaque fois des petits coups de pied, hein ? D'ailleurs, dans la vie, on ne répond pas seulement par des coups !

– …

– On peut venir se lover délicatement au creux d'une main.

Nous étions réunis pour tenter ce premier pas ensemble. Il ne fallait pas attendre quelque chose de spectaculaire ! Ce n'était pas une séance de spiritisme, la table n'allait pas se mettre à tourner ! Nous ne conversions pas avec l'au-delà, mais avec l'au-dedans. Les mouvements d'un fœtus de cinq mois et demi sont encore difficilement perceptibles. Une main timide posée sur mon ventre, Mathieu se passait l'autre main dans les cheveux, il avait une répétition après la séance, beaucoup de texte à apprendre. Mais l'haptonomiste avait l'habitude, elle ne pressait rien :

– Vous pouvez dire simplement : Coucou, je suis là.

Ensemble, à un moment, nous avions senti quelque chose, comme une petite sardine qui avait frémi sous la main de Mathieu :

– Oui je le sens, un petit peu ! Il a bougé. Ah c'est juste ça en fait.

– Oui. Avec votre main, Mathieu, emmenez-le en balade. Il aime rester à gauche ? On va lui proposer d'explorer autre chose.

– On peut déjà avoir une place favorite, dans un si petit espace !?

– Oui !

– …

Et Mme Pervier nous avait donné rendez vous quatre semaines plus tard. Avant de repartir en scooter, nous avions pris un café au bistro du coin et malgré notre retenue, notre résistance, nous étions émus, légèrement solennels, un début de relation à trois s'était à sa façon exprimé. Nous avions senti « une présence au creux de nos mains ». Nous étions ce berceau, grand ou petit, où se reçoit ce qui vient.

Ma mère ne dit rien, elle s'est endormie. Je n'ose plus bouger, je pose ma tasse de thé sur le plateau, j'écoute sa respiration tranquille qui soulève légèrement un coin de la taie d'oreiller rose. Je regarde ses cheveux blond cendré sur son visage, sa silhouette dans le peignoir rouge en coton bouclé, sa poitrine qui se gonfle et se repose, son ventre, ses bras qui nous ont portés. Elle dort, une main posée sur le dictionnaire encore ouvert à la lettre H. Il y a de cela très longtemps, elle a été enceinte de trois garçons et d'une fille, j'ai été la quatrième à passer neuf mois dans son ventre mais aujourd'hui je ne m'en souviens pas et elle dit ne pas s'en souvenir non plus. Et pourtant, nous le savons toutes les deux, c'est elle qui m'a donné la vie.

J'attends qu'elle se réveille et écoute nos souffles, les nôtres et celui du vent qui pousse dans le ciel un nuage blanc, comme dessiné par un enfant. Tout à l'heure, Antoine entrera dans ma chambre avec des jouets choisis dans la grande armoire en noyer. Ma mère est devenue, quand j'avais onze ans, après une longue psychanalyse, psychologue pour enfants et a créé un centre d'accueil pour les troubles de l'enfance et les thérapies familiales. Elle s'est vouée à son métier avec passion, avec empathie pour ses patients – enfants, adolescents, parents – dans la confusion. Elle a gardé tout son matériel de jeu, pour quelques consultations encore occasionnelles : une collection de livres, de puzzles, un garage, une école et une maison miniatures, et de quoi peindre et dessiner – une caverne d'Ali Baba pour Antoine.

Les stores sont baissés et toutes les fenêtres sont ouvertes, pour rafraîchir la maison. Je porte une robe légère, en portefeuille, rien qui soit trop serré pour être confortable, et je reste pieds nus sur le carrelage en terre cuite pour profiter de la fraîcheur du sol. Nous avons trié les livres scientifiques pour les donner à la bibliothèque et nous porterons quelques cartons – romans et livres de voyages – chez Emmaüs en fin de journée. Ma mère est allée se promener avec Antoine, et j'ai découvert sur les étagères au-dessus du bureau une pochette plastique : *Voyage au pays de la dépression*. Je me souviens de mon père, dans ses dernières années, parlant de ce projet de livre étonnamment personnel pour lui. La dépression était un sujet tabou dans ces années 1990, on se cachait si on la traversait, comme une honte, un signe de faiblesse. Je le parcours, il comporte deux chapitres. Mon père a été surpris par une autre maladie, un lymphome rare, qui en a interrompu l'écriture. Le texte commence par une citation de Milan Kundera : « L'homme sait qu'il ne peut embrasser l'Univers avec ses soleils et ses étoiles. Il trouve bien plus insupportable d'être condamné à manquer aussi l'autre infini, cet infini tout proche et à sa portée. »

Mon père parle dans ses pages de la dépression comme d'une maladie familière, telle qu'il l'a connue par sa mère, par son frère et telle qu'il l'a traversée lui-même, pendant une année, à l'âge de cinquante ans. Il s'était lancé de toutes ses forces dans la quête de l'univers, ses soleils et ses étoiles, et il s'était perdu, lui aussi, un matin devant la lumière sur un jardin. Il ne le voyait plus, il ne ressentait soudain plus aucun élan pour le jour qui recommence, mais une douleur pesante dans sa poitrine et un sifflement comme une alarme qui sonnait à tue-tête dans son oreille. Après une année de soins, il s'en était sorti, contrairement à sa mère et son plus jeune frère, et il sentait le besoin de témoigner de la guérison possible.

À la maison, tu étais habituellement gai, présent, entraînant, mais tu riais rarement. C'était parfois avec une pointe d'excuse que tu répondais à des invités, autour d'un repas, à des questions posées sur le Big Bang. Tu éprouvais peut-être à certaines occasions une légère solitude à vivre dans la connaissance de choses complexes, inaccessibles à la conversation facile. Avant de répondre à une question sur le début de l'univers, légèrement posée au moment du dessert par un cousin ou une tante, tu rassemblais minutieusement du bout de ton doigt les particules de pain sur la nappe, tu cherchais une image géométrique dans ce tas de miettes, un carré, un triangle, une image simple, compréhensible, à proposer. « Eh bien, ça a commencé par une soupe… » Tu levais la tête – beaucoup de gens posent des questions par politesse et l'attention se disperse vite après des mots comme « microseconde », « quarks » et « gluons » –, tu répondais brièvement, éparpillant les miettes et disais en guise de conclusion : « Avant ce 10^{-43} seconde… on ne sait plus très bien. »

Je percevais dans cet éparpillement de miettes et ce « *Avant ça*, on ne sait plus très bien » comme une nostalgie, la pensée plongée dans une profondeur un peu triste. En t'écoutant, tout en avalant ma tarte aux pommes, je me demandais si je devais comprendre que la tristesse pouvait être également un de ces sujets infinis et incompréhensibles.

Caressant encore quelques miettes, les yeux absorbés sur le coin de nappe, tu pensais peut-être aux douloureux tourments de ta mère, Violette, morte dans la dépression. Ou à ton frère Roland, touché lui aussi depuis cinq ans par cette maladie. Il te téléphonait parfois, certains soirs, et tu t'asseyais alors, l'écouteur collé à l'oreille, pour commencer une longue communication silencieuse :

– Oui.

– …

– Oui.

– …

– Oui.

– …

– Oui.

– …

Comment trouver des mots pour répondre à un être proche mais éloigné dans une contrée obscure et lointaine ? Que dire, quand la raison n'est d'aucune aide ? C'est aujourd'hui, alors que je suis mère, enceinte et dans la vie, que je devine ce qu'a dû être ta douleur quand tu as senti se poser sur toi, à ton tour, le voile noir de la dépression associée pour ta maman à une fin tragique. Comment retrouver cette joie de vivre, si simple quand on la ressent, si douloureuse quand on s'en sent privé, éloigné, écarté ?

Maman me retrouve émue, assise, te lisant, au milieu des cartons et des livres. Nous évoquons ces premiers temps difficiles – qu'on prenait au début simplement pour du surmenage. Nous t'entendions pleurer longuement sous la douche, sans comprendre. J'avais dix-huit ans, préparais mon bac et nous te voyions perdre pied. Je refusais dans un premier temps cette faiblesse, je t'en voulais de t'éloigner, de craquer, de t'effondrer, je me protégeais, je fermais la porte de ma chambre et me bouchais les oreilles pour travailler. Quand le diagnostic est arrivé – une dépression –, tu es parti dans une clinique, je me souviens de ce départ, dans une matinée de neige et de brouillard, je t'ai serré dans mes bras et j'étais soulagée d'entendre que les médecins étaient confiants quant à ton rétablissement.

– Parfois, on pleure parce qu'on est fatigué ? me demande Antoine en me rejoignant.

– Oui, parfois on se sent triste mais on est juste fatigué.

– Et parfois on se sent fatigué mais on est juste triste, dit ma mère.

Mais quelle est la nature de la dépression ? Cette force invisible qui touche les êtres, forts ou faibles, comme une tristesse sombre et lourde, qui empêche le rayonnement de la lumière de passer ? Comme une séparation qui éloigne de la vie, qui pose un écran noir sur sa beauté ? Comme un trou où l'on tombe, où l'on est aspiré, alors que la vie est là qui nous attend ? Comment expliquer que cette force-là puisse autant faire dévier un corps et un cœur de leur stabilité, de leur élan et leur course habituels ?

Maman me raconte que le premier soir de votre lune de miel, elle avait trouvé, posée sur la cheminée de votre première chambre d'hôtel, une photo d'elle, enfant. Une idée de toi, un geste dont la délicatesse l'avait touchée, elle qui avait emporté dans sa valise de noces un jeu de cartes et un Scrabble. Au cours d'une de vos balades, tu avais voulu la prendre en photo devant un lac ou un sapin – tu avais reçu un appareil photo comme cadeau de mariage – mais comme tu n'arrivais pas à le faire fonctionner, tu t'étais énervé si fort que tu avais furieusement jeté l'appareil à terre et l'avais piétiné de rage. Ton désarroi démesuré et cette frustration douloureuse laissaient présager d'autres incompréhensions encore à venir.

Mais mon père a continué la photo. Il ne nous photographiait jamais à notre insu, une photo où on aurait pu avoir l'air naturel. L'appareil était toujours rangé dans son étui et il fallait attendre qu'il aille le chercher dans sa chambre, ou tout au fond d'un sac à dos. Il nous demandait de nous mettre au premier plan de quelque chose d'intéressant et de sourire.

Un soir par trimestre, devant six chaises il sortait le grand écran de la cave, l'installait et nous projetait les photos diapositives. Mon frère aîné, Tom, quittait la pièce en boudant, il trouvait qu'on ne le voyait jamais assez – et pour cause, il détestait se faire prendre en photo. Maman n'aimait pas se voir, elle avait décidé qu'elle n'était pas photogénique et qu'elle ne savait pas poser. Moi, j'avais de grosses joues et des couettes attachées par un élastique avec des boules en plastique de couleur et j'étais toujours prête à sourire devant l'appareil. Mes deux autres frères, Niels et Bernard, très chevelus, s'y prêtaient aussi d'assez bonne grâce mais on apercevait peu leurs visages sous les cheveux.

À mon adolescence, mon père voyageait énormément. Il était à la tête de plusieurs comités, il ne trouvait plus de temps pour sortir le grand écran de la cave et rangeait les diapositives dans leurs boîtes jaunes, classées par années, sur les étagères de son bureau. Elles attendaient une soirée diapos qui ne venait plus. On se pliait aux séances de pose avec un peu moins d'entrain pendant nos promenades. On s'impatientait quand il mettait du temps à sortir l'appareil du coffre de la voiture ou du sac à pique-nique :

– De toute façon on ne les voit jamais tes photos !

Et c'est là qu'au milieu de la cinquantaine, tu as glissé dans ce passage à vide : tu pleurais de mal-être et criais de désespoir. Tu gémissais à table, le visage plongé dans tes mains, que tu en faisais trop, que tu ne comprenais plus, que tu ne voyais plus le sens de la vie. « Ça y est ! » disais-tu, comme si l'épée de Damoclès qui était depuis longtemps suspendue au-dessus de ta joie venait de te toucher de sa pointe fatale. Tu arrachais tes cheveux, déchirais ta chemise, secouais ton oreille pour faire taire un sifflement strident. Tu connaissais cette maladie, pour l'avoir vue emporter tes proches, et la craignais. Enfin, un matin, en un grand sanglot, tu as quitté précipitamment la table du petit déjeuner, comme si tu avais pris feu, tu as déboulé dans ton bureau et renversé à terre le meuble et toutes les boîtes de diapositives :

– Et toutes ces diapositives QU'ON NE REGARDE JAMAIS !!!

C'est sur un détail que se concentrent les regrets. Ces photos, dans leurs boîtes fermées, provoquaient soudain pour toi un déchirement, une rage, et devenaient le symbole d'une vie que tu ne vivais plus, que tu ne prenais plus le temps de partager, dont le sens t'échappait.

Tu es parti en cure de repos pendant trois mois. Nous sommes allés te voir après quelques semaines d'isolement nécessaire, tu étais assommé provisoirement par les médicaments mais tu te sentais mieux. À la demande des médecins, tu as entamé pendant quelques semaines un traitement psychothérapeutique. Un jour tu es rentré à la maison, tu avais retrouvé ton élan. Tu nous as dit que l'analyste t'avait décrété « non analysable » et avait décidé, avec toi, de ne pas poursuivre l'analyse. Tu lui avais parlé volontiers, en séance, des livres intéressants que tu avais lus ou de l'histoire incroyable des pharaons, tu étais un puits de connaissances mais tu étais incapable de raconter un souvenir d'enfance ! Parler de toi-même, tu ne pouvais pas !

Avant de le laisser partir, et afin d'éviter une rechute possible, l'analyste avait conseillé à mon père, judicieusement, puisqu'il aimait les photos, de les développer sur papier, de les disposer dorénavant dans des albums et de se ménager des périodes de repos. Il a pris la prescription à la lettre, il s'est muni de classeurs, de pages blanches cartonnées, de ciseaux, de colle et de feutres. Il s'installait le samedi à la table du salon, fumant sa pipe, et il passait de longues heures à revivre tranquillement les moments passés. Dans la tiédeur du salon, il prolongeait les instants trop courts, il réparait les conflits en choisissant soigneusement ses photos, en les associant, en les découpant, il comblait les séparations douloureuses par des paysages, des lettres, des cartes postales, les absents étaient miraculeusement présents, il luttait contre la bousculade du temps, contre l'inévitable confusion de l'instant, contre les silencieuses douleurs de la solitude et des visites qui passent trop vite. Il annotait les photos, il dessinait parfois une carte géographique ou un itinéraire de montagne sur une page adjacente. Il était le photographe officiel du CERN, de la famille et des amis proches. Ces albums permettaient de retenir la course effrénée de la vie, on y voyait des réunions, des comités, des physiciens, des voyages, les ailes de l'avion, la fenêtre de la chambre d'hôtel, des monuments, des statues, des fleurs, les repas, les jeux d'enfants, les couchers de soleil, les différentes saisons sur le jardin, les promenades, les anniversaires et mariages, détaillés en plusieurs pages, les retrouvailles, les naissances, les baptêmes, les tristesses et les enterrements – le faire-part de deuil était alors collé à côté d'une photo d'un jardin sous la neige et quelques pages étaient consacrées au déjeuner qui avait suivi le temple et le crématorium.

Tu as commencé par un album tous les trois ans, puis un tous les ans, puis deux par an, puis un par trimestre. Et les albums se sont disposés par années puis par mois sur de nouvelles étagères. Les plus récents étaient laissés bien en vue sur la table basse du salon pour être consultés, partagés, discutés.

Et les albums ont bientôt rempli toute une bibliothèque dans le salon et puis encore tout une autre dans la cave : 1983-1986, 1987-1989, 1990-1992, 1992-1994, 1995, 1996, 1997 : I, II, 1998 : I, II, III, 1999 : I, II, III, IV, 2000 : I, II, III, IV, 2001 : I, II, III, IV, V, 2002…

Ta dernière année, tu ne prenais plus de photos, nous te proposions alors de consulter un album ensemble, sur le sofa, avec un thé ou un whisky. Je tournais les pages mais tu n'y trouvais plus de réconfort. Les images étaient bien impuissantes à faire revenir ce temps qui filait, te laissant de côté. Tu souriais pour me faire plaisir, mais faiblement, de loin.

Je trouve également, empilés sous ton bureau, plusieurs exemplaires d'un de tes livres de physique : *Des quarks et des hommes*. J'en range quelques-uns dans un carton et en prends un pour le rapporter à Paris. Bien sûr, je ne pourrai pas le comprendre mais il sera là, avec son contenu scientifique qui m'échappe, posé sur une de mes étagères et je le consulterai de temps en temps, je lirai les citations que tu as choisies pour ouvrir les chapitres – c'est une des seules choses que je peux comprendre. Tu lisais beaucoup de romans et adorais citer leurs auteurs, pour humaniser un discours uniquement formé de gluons et de quarks...

Tu aimais dans nos conversations citer une phrase de Krzysztof Kieslowski, le tout proche réalisateur et ami, avec lequel j'avais tourné *La Double Vie de Véronique* et *Rouge*, que tu aimais beaucoup. Il t'avait dit : « Quand cela devient trop explicite, je coupe ! » Tu souriais de la franchise de cet aveu, de l'espièglerie et de la profondeur de ce que tu décelais de ce procédé. Krzysztof t'avait confié, à propos de l'étape du montage d'un film, la nécessité de couper, de ne pas tout expliquer. Ce procédé était d'abord venu d'une contrainte, celle de la censure politique de son pays à son époque, puis était devenu une volonté de réalisateur, de narrateur de laisser le spectateur libre d'interpréter son histoire et d'y projeter sa propre compréhension. Tu admirais beaucoup Krzysztof et le considérais comme le grand artiste qu'il était. Tu étais fier que je travaille avec lui et avais reconnu dans son cinéma l'essence même de la recherche. L'énigme n'était jamais réduite, le silence préservait l'infini des êtres. Tu lui disais que le monde quantique était également une quête sans explications exhaustives et que, quand on croyait s'approcher d'un but, la porte s'ouvrait à d'autres questions nouvelles. Une partie du mystère s'échappait toujours avec sa révérence.

Nous étions allés visiter le CERN, avec plusieurs membres de l'équipe, pendant le tournage du film *Rouge*, tu étais heureux de nous présenter le nouvel accélérateur en construction, le LHC. Nous étions d'abord passés par les bureaux de la physique théorique. Tu avais expliqué que pour l'étude de comportements si éloignés de notre sens commun, il fallait une fiabilité sans faille dans quelque chose – et pour le physicien, c'était la mathématique. Krzysztof avait pris en photo ton tableau noir, où se dressaient des hyperboles et des asymptotes. Au-dessus d'un graphique, une équation était écrite à la craie, sur quelques lignes, comme un quatrain, une citation sur laquelle méditer, mais composée de lettres grecques, de racines carrées, de triangles et de chiffres. Il avait également photographié la pancarte, au-dessus du tableau, à l'intention de l'employé de ménage : « NE PAS EFFACER ».

– Pour qu'une équation soit compréhensible, il faut aussi qu'elle soit belle ! Et pourquoi elle est belle ? Parce qu'elle est juste ! Et parce que, malgré sa complexité, sa syntaxe est fluide ! Et aussi… parce qu'elle fait partie d'un tout, d'un ensemble ! Comme un parfait morceau de puzzle. Comme un passage virtuose d'un enchaînement chorégraphique dansé par une danseuse qui jamais ne nous ferait rien sentir de l'effort et de la difficulté de ses prouesses !

Nous étions passés visiter le nouvel accélérateur.

– Il sera encore plus puissant que l'autre, nous expliquait mon père, et permettra d'apercevoir d'autres particules, comme le boson de Higgs.

Il avait participé à baptiser un des grands détecteurs ALICE. En hommage à Lewis Carroll. Et la merveilleuse Alice aurait été étonnée d'apprendre que son prénom devenait l'acronyme de *A Large Ion Collider Experiment* !

Mon père racontait à Krzysztof que dans l'histoire de Lewis Carroll, il y avait ce passage où un chat s'amusait à disparaître petit à petit en pleine conversation devant la jeune Alice. Il s'effaçait devant elle, commençant par la queue, ne laissant visible de lui que son sourire, qui flottait, ravi, devant la petite fille médusée. En physique quantique, disait-il, beaucoup d'événements laissent les chercheurs, comme la jeune Alice, devant des sourires sans chat. Ils aperçoivent parfois, sur l'enregistrement graphique d'une collision entre particules, une manifestation évidente d'une brève présence avant sa disparition. Ils s'enthousiasment devant cette « signature de l'invisible ». Et pour essayer de comprendre la nature de cette composante inconnue, ils doivent convoquer la logique implacable de la mathématique. Ils s'acharnent devant des équations, fascinés d'avoir quelque chose à chercher qui sera ingénieux et d'un raffinement subtil.

– Car les lois de la nature sont admirablement renversantes, ajoutait-il.

Nous étions ensuite passés à la cafétéria et tu avais présenté Krzysztof à des physiciens polonais, dont un de tes amis, Georges Charpak, prix Nobel de physique, qui avait dit :

– Ah ! René vous fait visiter le CERN, parfait ! Moi, quand j'écoute René, au début je comprends, ensuite… j'aime !

Georges riait comme si c'était une boutade, comme si, à défaut de comprendre toutes ces formules, il suffisait d'entendre la théorie quantique comme un poème, mais sa séduction naturelle slave laissait entendre subtilement qu'aimer était la forme de compréhension la plus essentielle.

Tu n'auras jamais vu cet accélérateur en marche. Aujourd'hui Georges, Krzysztof et toi êtes morts. Georges le premier, puis Krzysztof, qui t'a précédé de dix ans. Je pense à son absence aussi, douloureusement.

Avant de fermer le livre, je lis encore une citation du mathématicien Henri Poincaré, qui exprimait autant sa passion pour la recherche fondamentale que pour la vie : « Le savant n'étudie pas la nature parce que cela est utile ; il l'étudie parce qu'il y prend plaisir, et il y prend plaisir parce qu'elle est belle. Si la nature n'était pas belle, elle ne vaudrait pas la peine d'être connue et la vie ne vaudrait pas la peine d'être vécue. (...) Je veux parler de cette beauté plus intime qui vient de l'ordre harmonieux des parties et qu'une intelligence pure peut saisir. »

Plonger dans la recherche intensifiait le quotidien, ainsi que le plaisir de pouvoir partager cette quête infinie avec des collègues du monde entier. La physique ouvrait toutes les frontières, même celles de la guerre froide, de la dictature – d'où ce titre choisi pour un de tes livres sur la recherche de la matière : *Des quarks et des hommes*.

En fermant un carton plein à l'aide d'un grand rouleau de scotch, j'aperçois encore sur ce bureau une gomme. Je me souviens, enfant, de mon père, le soir, à la maison, jetant impatiemment des brouillons dans la corbeille à papier, cherchant sa gomme qui disparaissait systématiquement.

– Qui a piqué ma gomme ? Quelqu'un m'a piqué ma gomme ! On ne peut pas travailler ici ! C'est la dernière fois que… On passe son temps à chercher sa gomme ! C'est impossible ! Puisque c'est comme ça… bon… la prochaine fois…

Il ne finissait jamais de formuler clairement ce qui arriverait la prochaine fois. Il sortait sur la terrasse fumer sa pipe, enveloppé dans la nuit. Il interrogeait la courbe blanche de la Voie lactée, un index enroulé dans une mèche de ses cheveux noirs. La recherche comportait une prise de risque : celle de laisser parfois le chercheur amoureux sur le carreau, de le heurter régulièrement à l'incompréhension.

Aujourd'hui, ces longs mois d'absence, à me souvenir, à douter, à me soumettre à l'étrange habitude du deuil, à la lenteur, à la gravité. Ces années à venir sans te voir, ni te parler, à t'aimer au passé.

C'est le soir, nous rentrons du lac, où nous avons regardé le coucher de soleil. Nous nous sommes baignés dans l'eau calme et fraîche et Antoine barbotait en riant de joie avec ses bouées, profitant encore de l'été. Ma mère avait apporté un sac de pain sec pour les mamans cygnes et leurs petits. Comme Antoine leur jetait les morceaux avec un peu de crainte, ma mère lui a raconté que les mois d'avril, au lendemain de fortes tempêtes, elle venait ramasser sur les rives des branchages qui s'étaient envolés des nids de cygnes.

– Je rassemble des brindilles éparpillées sur la berge et je les porte aux mamans cygnes, qui ne peuvent plus s'éloigner physiquement de leur couvée. La femelle est farouche, elle se couche à plat ventre sur les œufs. Mais quand je m'approche avec la branche, elle déploie son cou, l'attrape de son bec et la range rapidement sous son aile pour restaurer le nid.

– Tu n'as pas peur qu'elles te mordent ?

– Non.

– Tu crois qu'elles savent que c'est pour le nid ?

– Oh oui.

– Tu crois qu'elles te reconnaissent ?

– Haha. Regarde, elle a cinq petits. Ils ont bien grandi.

Nous remontons jusqu'au Petit-Saconnex à pied en traversant le grand parc de Trembley. Le vent du soir est délicieusement tiède, nous entendons le clocher du quartier sonner l'heure et maman me dit :

– C'est le carillon du temple du Petit-Saconnex, on l'entend d'ici. Il n'est pas très loin !

– Le temple où on a enterré papa.

– Oui. Quand je peux, je viens marcher le soir un moment ici, quand le parc est tranquille, et j'attends que le clocher sonne les coups de neuf heures et puis…

Elle éloigne ses deux mains l'une de l'autre en définissant devant moi un écart, un espace imaginaire où se passera ce qu'elle va me dire.

– Oui, voilà… tu entends, les neuf coups sont finis mais, dans deux minutes, figure-toi que les cloches vont sonner à nouveau neuf heures !

Nous nous asseyons pour écouter ces deux minutes de silence, tandis qu'Antoine fait des roulades dans l'herbe. J'observe l'intervalle entre les mains de ma mère, l'une en face de l'autre, comme deux cloisons, deux limites entre lesquelles quelque chose d'inattendu doit se passer. Une brise passe entre ces deux mains, entre présence et absence, entre le rien et le tout, entre le trivial et l'essentiel, le bonheur et le désespoir, entre la fille et la mère, un enfant qui joue dans l'herbe et un autre qui grandit dans un ventre.

– Tu vois, ces deux minutes de silence entre ces deux séries de cloches, c'est pour moi comme une sorte de berceau, un cadre dans lequel je suis avec papa, c'est le moment précis de la journée où je pense à lui.

– Tu lui parles ?

– Non, je pense à lui.

– Et il est avec toi ?

– … Moi je suis avec lui.

– …

– Et puis après je me dis quelques phrases de la règle de Reuilly et je rentre.

Dong. Dong. Dong…

Nous repartons vers la maison, tandis que les cloches sonnent à nouveau. Je tire Antoine par la main qui se laisse pendre de tout son poids et ma mère récite :

(…)
Pars donc vers la source cachée de toute chose.
Quitte tout et tu trouveras tout.
Prends le temps de vivre amicalement avec toi-même.
Respire.
Reprends haleine.
Apprends

Dans le repos du calme et de l'esprit
La calme lenteur de toute germination.
(...)

– J'aime beaucoup cette « calme lenteur de toute germination »... et ce « vivre amicalement avec toi-même »... mais ce « quitte tout et tu trouveras tout »... je ne le vois pas encore très bien...

En rentrant à Paris, nous retrouvons Mathieu et découvrons notre appartement en plein chaos. Les cloisons de l'entrée ont été abattues, un trou a été creusé pour permettre l'installation d'un escalier entre les deux étages. Dans la cuisine, au milieu des gravats, nos meubles et cartons sont protégés par une grande bâche en plastique. Des particules de poussière tournent dans la lumière.

– L'escalier sera livré dans deux ou trois mois, annonce fièrement Mathieu.

Les ouvriers sont en vacances, Paris vit au ralenti, dans la chaleur. Les parents de Mathieu, Francine et Tino, nous ont proposé de nous installer chez eux jusqu'à la fin des travaux. Ils sont encore dans les Cévennes et nous rejoindront dans quelques jours. Nous partons rue du Poteau, qu'Antoine prononce rue du Foto, à quelques stations de métro de chez nous. Il fait chaud et le soir qui tombe, avec ses lumières roses, vient comme une récompense. Nous posons avec soulagement nos valises, ouvrons les fenêtres pour aérer. Les voisins écoutent « Over the Rainbow » et la mélodie entre chez nous comme une brise amicale et fraîche, chantée par la voix suave de Sarah Vaughan : « Quelque part (...), il y a un pays dont on m'a parlé dans une berceuse, (...) là-bas, les oiseaux sont bleus et volent au-dessus de l'arc-en-ciel, (...) C'est là que tu me trouveras (...). »

Mathieu et moi rangeons nos affaires dans notre nouvelle chambre, j'installe à côté de nous un lit-parapluie pour Antoine.

– Papa, pourquoi ça s'appelle un lit parle-à-la-pluie ?

– C'est pour bien dormir, comme le doux chant de la pluie quand il fait très chaud.

– ... ?

– Haha ! Mais non ! C'est un lit pliant de voyage, ça s'ouvre comme un pa-ra-pluie. On reste ici quelques mois. Alors, tu es content ?

Mathieu a passé toute son adolescence dans cet appartement, il ouvre le placard de la chambre, un parfum familier le plonge dix-huit ans en arrière, à l'époque du lycée. Il sort une paire de draps et la jette sur le lit.

– Ça me fait drôle de me réinstaller ici.

Nous regardons les photos de Mathieu enfant, posées sur la table de nuit, dans leurs cadres.

– C'est moi ? demande Antoine.

– Non ! C'est moi ! C'est papa !

Antoine rit, il ne sait s'il doit le croire – c'est peut-être encore une blague ? En regardant Mathieu en culotte courte avec un biberon dans une poussette, il prend conscience de ce monde inconnu, difficile à imaginer : le passé. Je m'allonge sur le matelas et m'enroule tout habillée dans les draps froissés. Je ne tarde pas à m'endormir et inaugure cette nouvelle chambre avec un rêve.

Une petite main soulève le bas de mon tee-shirt, c'est mon enfant, il veut voir ce qui se passe au-dehors. J'aperçois son crâne rond comme une planète et quelques mèches blondes et bouclées.

Je lui chuchote : « Non, pas encore » et je redescends rapidement le tee-shirt, recouvre mon ventre, referme le rideau.

Je me réveille la première et observe Mathieu endormi. Je caresse ses cheveux châtains bouclés, je glisse ma paume sur son épaule, son bras, je compare les différentes nuances de sa peau hâlée, je colle mon visage contre le sien, sa peau sent le coton chaud, la mine de crayon. J'ai rencontré Mathieu en jouant une pièce avec lui, il y a quatre ans, qui s'appelait *Résonances*. Un coup de foudre, et je suis tombée enceinte rapidement d'Antoine. J'embrasse le coin de ses lèvres, Mathieu ouvre les yeux et se lève énergiquement, enfile son pantalon.

– Il est quelle heure ? Il faut y aller, non ?

Un nouvel être se développe en moi, me ralentit dans mes activités, me concentre. Mathieu se déploie dans les travaux qu'il faut relancer, les coups de téléphone, les courses de chantier, sa tournée qui va commencer… Nous filons à deux vitesses, l'un contre l'autre et, quand je me serre contre lui, mon ventre entre nous comme un grand soleil, nous devons tendre nos bras pour nous atteindre.

Nous avons petit-déjeuné, rassemblé les affaires de Frédéric et Jane qui vont chez leur maman. Dans la voiture, je vois leurs têtes blonde et brune dans le rétroviseur. À côté d'eux, Antoine regarde par la vitre et semble se demander silencieusement comment est leur vie, là-bas. Est-ce que lui aussi aura un jour deux maisons ? Est-ce comme cela que ça se passe habituellement ? Il est d'une humeur triste quand Frédéric et Jane s'en vont.

Jane nous lit une devinette Carambar :

– Qu'est-ce qui n'est pas encore passé et qui nous échappe déjà ?

– Hmmm…, cherche Mathieu.

– Euh…

– C'est quoi ?

– Le présent !

– Pourquoi ? demande Antoine.

– Eh bien… tu es peut-être un peu petit pour comprendre, répond Jane.

Frédéric, à son tour, déplie avec précaution son morceau de papier collant :

– Les vacances en plein air, c'est quand ?

– Euh…

– La réponse est : ping ! Haha… Cam-ping !

– Quoi ? je dis.

– Ffeur ! me répond Frédéric du tac au tac, à la grande admiration d'Antoine, qui a compris, cette fois, le génial jeu de mots et s'extasie de rire sur son siège auto.

– Allô ! Ma chérie, je ne veux pas te déranger. Tu as un moment ?

Antoine passe rapidement dans le salon, devant l'écran de mon téléphone, en pyjama, avec un chevalier en plastique dans la main.

– Coucou, mamita ! Ça va ?

– Bonjour, Antoine !

– Hello, maman.

– Salut, Mary ! lance encore Mathieu énergiquement depuis la cuisine.

Elle sourit de l'animation qu'elle aperçoit chez nous, « rue du Foto », qui contraste avec le silence de l'absence et le calme de sa maison. Elle me remercie d'être venue l'aider et me raconte le stage d'écriture auquel elle vient de participer. Elle écrit des poèmes, qu'elle accompagne d'aquarelles. Elle prend également des notes sur des agendas, qu'elle classe par année.

– C'était bien l'atelier ?

– Oui. C'était animé par un formidable auteur

indien… attends, je vais chercher mes notes. Ah, les voilà : « Rêver son récit ». Est-ce que tu rêves ton récit ? Tu ne dois pas raconter.

– …

– N'hésite pas à réécrire. Tout reprendre. Tu vois, tu prends un mot comme « éclair » et tu rêves. Qu'est-ce que c'est pour toi, un éclair ? Qu'est-ce que ça te fait d'écrire sur une grossesse ? Ou le deuil de ton père ? Que veux-tu écrire exactement ?

À Genève, je lui avais parlé des souvenirs que j'écrivais sur papa. Elle avait été surprise et je lui avais laissé sur son lit, en partant, les deux premières pages qui parlaient de lui. Je regarde son visage aimé sur mon écran de téléphone. Elle se voit également en miroir dans un petit carré, sous mon image. Nos voix sont les mêmes, beaucoup de nos expressions aussi. Elle recoiffe de sa main ses cheveux blonds, qui ont foncé avec les années, elle dégage de son front aux lignes profondes et régulières une mèche, laissant apparaître un œil bleu clair qui s'approche et me regarde.

– Merci de ton texte. Tu sais, je demande aussi à mes amis de me parler de ton père. J'ai besoin aussi qu'on me parle de lui avant sa maladie, avant ces cinq années difficiles. Et j'oublie si vite… Heureusement j'ai mes agendas, mais ce sont toujours les mêmes souvenirs ! Je regardais hier une photo de nos fiançailles et je ne sais plus du tout ce qu'on se disait, ce que je pensais… Parfois je me demande même si je pensais… J'ai l'impression que j'ai été dans un nuage si longtemps. Si loin de ce que je pouvais ressentir…

Elle colle l'appareil contre sa joue, et je ne vois plus que son oreille.

– Tu as lu alors ?

– Oui… Tu parles dans tes premières pages de cet arc-en-ciel qui nous suivait le jour de l'enterrement de papa.

– Oui, tu t'en souviens ?

– Bien sûr, j'y pense souvent. Mais tu dis que l'arc-en-ciel nous « tendait les bras ». Tu vois, comme tout est personnel, moi je vois les deux bras de l'arc-en-ciel puissamment dirigés vers la terre ! Oui, quand je pense à cette journée, l'enterrement de papa, c'est cette image que je garde : une arche bien plantée dans le sol et tout en bas, sous le pont de l'autoroute, le fleuve qui courait, lui, rejoindre la mer.

Je la vois écarter son visage de l'écran et imiter d'une main qu'elle recule le cours du Rhône qui file au loin. Puis je revois les boucles de ses cheveux et un morceau d'oreille.

– Merci. Je ne te retiens pas. À bientôt, ma chérie !

Elle a raccroché. Le petit écran chaud dans ma main s'est éteint. Antoine à côté de moi dans la chambre joue avec ses chevaliers dans son lit-parapluie.

– Pourquoi elle est vieille, mamita ?

– …

– Parce qu'elle va mourir ?
– Non, on peut être vieux et vivre.
– Toi tu n'es pas vieille.
– Non.
– Mamita, elle a été une enfant ?
– Oui.

J'aime m'entretenir avec mon garçon haut comme trois pommes. Il agite son corps, cherche expressivement le sens des choses, avance une épaule, penche la tête, bombe le torse, fronce les sourcils, écarte les doigts, retrousse ses lèvres, gratte son ventre.

– C'est après-demain, l'école ?
– Oui.
– C'est quand après-demain ?
– C'est après cette nuit, toute une journée et encore la nuit prochaine.

Antoine me demande de lui lire *Alice au pays des merveilles*, et je choisis les pages où elle s'invite à prendre un thé chez les fous, que je termine par ce passage : « "Si tu connaissais le Temps aussi bien que moi, dit le Chapelier, tu ne parlerais pas de le perdre comme une chose. Le Temps est un être vivant.

– Je ne comprends pas ce que vous voulez dire, répondit Alice.

– Naturellement ! s'exclama-t-il en rejetant la tête en arrière d'un air de mépris. Je suppose bien que tu n'as jamais parlé au Temps !

– Peut-être que non, répondit-elle prudemment."

– Il dit ça pour faire une blague, hein ? Tu parles au temps, toi ? me demande Antoine en s'endormant.

– Oui. Je me dispute avec lui, quand il va trop vite. Je le presse quand il passe trop lentement. Tantôt il me donne un conseil, comme un ami, tantôt il file et s'échappe comme un voleur. On dit du temps qu'on le gaspille, qu'on le rattrape, qu'on le tue, qu'on l'apprivoise, qu'on le perd, qu'on en profite… Et là, il nous chuchote d'aller dormir.

– …

– …

– Avant-hier, c'est avant après-demain ?

– Oui !

– Maman, est-ce que je peux choisir d'aller à l'école ?

Les parents de Mathieu nous ont rejoints rue du Poteau. Et Mathieu est parti dès le lendemain commencer sa tournée à Annecy. Il joue un spectacle magnifique, créé au théâtre de l'Odéon : *Le Jugement dernier*.

Je ne retrouve dorénavant plus Mathieu mais son père, Tino, en rentrant le matin de l'école maternelle. Il se tient debout, près des rideaux orange du salon, encore en babouches et pyjama, face à la grande baie vitrée, où il aperçoit un morceau de ciel clair et la barre d'immeubles face au nôtre. Tino a des cheveux fins et blancs, mi-longs, des yeux bleus rieurs, un ventre rebondi qui ressemble au mien, enceinte de cinq mois. Il a une sclérose en plaques qui se développe lentement et le handicape de plus en plus, sa jambe gauche répond difficilement et il choisit souvent l'immobilité, contemplant avec patience ce qui l'entoure, comme une habitude. Je lui demande, en me déchaussant, s'il a bien dormi.

– Oh non, mais c'est comme ça, je dors mal en ce

moment. Je ne sais pas pourquoi. Je me réveille dans la nuit et… rien à faire !

– Qu'est-ce que tu fais dans ce cas, tu lis ?

– Non. Avant j'aimais lire, mais maintenant malheureusement je ne vois plus assez bien.

Tino sourit, les petits dérangements du corps, les douleurs par-ci par-là, avec l'âge, il faut bien faire avec. Je m'assieds en face de lui dans le fauteuil en velours violet et sors de mon sac un livre de correspondance de Charles Darwin. Je choisis de lui lire une lettre où Darwin s'étonne de ne plus éprouver, à cinquante ans, le même goût pour la musique, de ne plus adorer lire de la poésie. Il cite Shakespeare, qui lui donne dorénavant la nausée et il le regrette beaucoup.

– Ah ? C'est vrai ? Mais moi aussi, j'écoute beaucoup moins de musique qu'avant ! dit pensivement Tino. C'est dommage. Même Mendelssohn !

Charles Darwin conclut qu'il lui reste toujours le plaisir de lire des romans, mais à la seule condition qu'ils se terminent bien. Était-il déjà si tourmenté par les critiques houleuses contre ses recherches ? Miné par les accusations à son encontre ? Profondément accablé par les deuils qui touchaient sa famille ? Sa tristesse était-elle à son comble au point qu'il ne pouvait lire un chagrin de plus ? Il propose, en boutade, l'interdiction des « récits à fin triste » ou l'obligation de « terminer le dernier chapitre avec une belle femme ».

– Haha ! apprécie Tino.

– Bonjour, minou.

– Et justement, voilà une belle femme qui nous arrive ! dit-il en s'adressant à Francine qui entre en robe de chambre.

Elle s'assoit en secouant la tête et pose devant lui son café de la veille et des toasts-froids-comme-il-aime.

– Je réchauffe le café ?

– Oh, pas besoin.

– Tu sais, minou, les tiroirs de la cuisine ne coulissent plus, un jour il faudrait les changer, soupire Francine, comme si c'était un projet qui n'aboutirait pas de sitôt.

Elle passe les doigts dans l'épaisseur de ses cheveux noirs. Elle ferme les yeux et se concentre sur la douce chaleur de ce premier rayon de soleil qui s'invite dans le salon.

Cet appartement sera notre chrysalide, il abritera quelques mois durant les lentes métamorphoses de nos trois générations.

Je fais une liste, j'attrape un sac et file faire les courses. Je pose mon dos contre la paroi en bois laqué de l'ascenseur, et me regarde dans le miroir en face de moi. Je tire sur ma veste que je ne peux plus fermer au niveau du ventre, je secoue mes cheveux mous, je pince mes joues pâles – il semble que mes minéraux, vitamines, ma force se concentrent sur le bébé. Tandis que les étages défilent, Mathieu m'appelle au téléphone, il a une voix dynamique, chaude, vive. Il part d'Annecy et attend son train pour Poitiers, la prochaine destination de sa tournée. La connexion est instable, nous nous donnons des nouvelles fragmentées.

– …

– Tu dis ?

– …

– Je suis dans l'ascenseur. Oui ça va. Et toi ?

– …

– Oui, tu sautes dans le train. Bien sûr. Je t'embrasse.

Je me rappelle ce poème de Pouchkine que j'avais appris en russe pour un film d'Eldar Riazanov : « Il est temps, mon ami, il est temps. Le cœur a besoin de calme. Avec chaque jour s'en va un petit bout de vie. Et nous sommes là, ensemble, à préparer la vie... et d'un coup, comme ça, nous mourons (...). » Eldar proposait que je dise ce poème sans drame, avec douceur et modestie. Il était un réalisateur tendre et satirique, une star dans son pays. Il m'avait invitée à tourner un film avec lui à Moscou, en 1992, qui s'appelait *La Prophétie*. Quand je lui avais demandé la raison de ce titre, il m'avait expliqué en riant : « En Russie, tout est imprévisible... Même le passé ! » Il faisait toujours des blagues drôles et mélancoliques, et ses films étaient ainsi. C'était la première année du gouvernement d'Eltsine et chacun prédisait, sans savoir s'il fallait y croire, un grand changement. Eldar faisait bien sûr allusion à l'histoire de son pays qui n'en finissait pas de se réécrire sans cesse. Mais n'était-ce pas le cas aussi de nos souvenirs ? Pour ses soixante ans, la population avait donné le nom d'Eldar à une étoile et, dans la rue, on m'offrait des pommes, du thé et des gants quand on apprenait que je tournais avec lui.

En ce moment de métamorphose, j'interroge naturellement ce temps, à l'endroit, à l'envers, de côté, qui est tout et soudain n'est plus rien. Je me souviens de cette discussion étrange que j'avais eue avec toi, papa, à propos du temps. Tu m'affirmais que la meilleure façon de réfléchir à l'univers était d'abandonner la notion de temps. Je me demandais comment l'imaginer.

– En physique quantique, qu'une particule puisse être simultanément dans plusieurs états à la fois, *là* et *pas là*, est envisageable !

Tu me parlais d'Erwin Schrödinger en mangeant une soupe à l'oignon lors d'une fête de la commune qui inaugurait la construction récente d'un nouveau quartier d'immeubles, à côté de chez nous, dans un ancien bout de campagne genevoise. Le maire s'était lancé dans un trop long discours et tu me racontais qu'Erwin était un des premiers physiciens à avoir proposé une théorie quantique. Il avait imaginé une histoire de chat et de boîte pour illustrer ses intuitions. Un chat est enfermé dans une boîte, avec une fiole contenant du poison et un marteau. À tout moment, le marteau peut casser la fiole, renverser le poison et empoisonner le chat s'il le boit. Schrödinger pose la question suivante : le chat dans la boîte est-il vivant ou mort ? Et sans avoir besoin d'ouvrir la boîte, il répond : il est dans un état quantique, mort et vivant à la fois !

– Il contient déjà ces deux états en lui simultanément, m'avais-tu expliqué.

– Je ne comprends pas très bien.

– Que lis-tu en ce moment ? m'avais-tu demandé.

– *Gros-Câlin* de Romain Gary.

– As-tu le sentiment que Gary est avec toi, là, bien vivant quand tu le lis ?

– Oui.

– Gary témoigne de la vie telle qu'il l'aperçoit et toi, en le lisant, tu la reçois comme un souvenir vivant et passé à la fois. Gary est dans ce livre à la fois vivant et mort.

Est-cela, parler au temps ? Écouter le passé qui nous accompagne entre les lignes, lui répondre dans chaque particule de présent ?

Je cours, je cours dans la rue et je n'avance pas. Mon corps ne me répond pas comme j'en ai l'habitude, mes jambes ne se soulèvent plus, mes talons restent collés au trottoir. Comme si mes jambes étaient engourdies. Comme si je courais dans un extrême ralenti. Je me demande si je rêve ou pas.

Je me sens lourde, comme si un enfant me tirait par la manche, retenait mon élan, voulait que je m'arrête, que je me pose. Je me souviens que lorsque nous partions ensemble en excursion familiale dans le Jura, une main dans celle de ma mère, je me laissais pendre de tout mon poids en arrière à son bras. Je rechignais à marcher plus de deux heures, elle était bien obligée de me raconter une histoire.

– Et alors ?

– Alors… eh bien la maman dit au petit lapin…

– Oui ?

– Elle lui dit…

– …

Ma mère espérait que j'oublierais l'histoire et me mettrais enfin en marche. Mais je n'oubliais pas. Peut-être attendait-elle que je me lasse de son récit ? Mais je ne me lassais pas. Elle avait beau trouver qu'elle n'avait pas assez d'imagination pour raconter des histoires, les siennes m'allaient parfaitement. C'était sa voix et sa main dans la mienne. Et j'attendrais qu'elle me lise encore le soir, au bord de mon lit, un chapitre d'un livre aux pages froissées, tachées de chocolat chaud, lu déjà maintes fois à mes trois frères. Quel délice alors de l'avoir pour moi seule sur mon lit ! Et ce désir de revenir à ce moment précis d'un livre qu'on connaît bien, qui nous fait un peu trembler le cœur et qui nous offre à chaque fois son parfum d'aventure ! Je serrerais contre moi mon ours Abou un peu piquant pour me protéger de mes cauchemars qui me visitaient chaque nuit. Et enfin, quand la lumière serait éteinte, la porte entrouverte pour qu'un filet de lumière puisse encore passer dans la chambre, je me pousserais tout contre le mur, pour faire de la place, dans mon lit, à mes poupées Delphine et Isabelle, je leur chuchoterais un mot pour qu'elles n'aient pas peur du noir ni du silence de la nuit.

Le soir tombe et déjà, dans la barre d'immeubles en face du nôtre, chaque appartement s'allume : des cases de couleurs différentes, indépendantes, des alvéoles dans un rayon de miel. Tino a mis un CD de Mendelssohn sur sa platine, son doigt enfonce consciencieusement la touche « play », où il a collé un scotch rouge, bien visible.

La musique s'engouffre dans les enceintes et envahit bientôt le salon. Tino se concentre et conclut après quelques mesures :

– J'adore Mendelssohn.

Son émotion est intacte, malgré le temps et l'oubli. Son complice, Mendelssohn, est là, encore et toujours, pour lui, le même Mendelssohn. Antoine et moi le rejoignons et nous couchons sur le canapé violet. Je glisse avec mon poids, je dois me redresser plusieurs fois sur la banquette étroite, je ne sais plus comment m'installer durablement. À treize ans, je connaissais déjà le nom de ce compositeur, il avait écrit un de mes morceaux préférés, que je jouais avec des nuances passionnées sur le piano droit de ma chambre. C'était le « Chant sans paroles n° 32 », mais ô combien parlant pour l'adolescente que j'étais, expérimentant la vie avant de pouvoir la nommer. Je devenais une femme sans l'être encore, avec une poitrine naissante tirant sur ma peau, qui pointait sous le tee-shirt, des règles rouge brunâtre qui venaient avec surprise et sans régularité, des cheveux à la garçonne taillés en brosse, une minijupe, un rouge à lèvres violet, du crayon noir aux yeux pour avoir l'air sauvage, malgré des joues rondes de poupée.

Ce soir, Tino, les yeux fermés, s'est retiré dans la musique. Je remarque qu'avec nos ventres, assis de profil, nous avons la même silhouette. En baissant un peu les paupières, je ne saurais dire exactement qui est qui. Nous sommes ce tableau cubiste aux présences superposées, confondues : une femme enceinte, un enfant de bientôt trois ans endormi sur ses genoux, un grand-père immobile, le vase de tulipes bien ouvertes sur la table du salon… et ce chant sans paroles de Mendelssohn.

En ces mois de grossesse, je recense mes rêves et souvenirs. J'appelle dans la nuit toutes les mères que je connais – la mienne, les mères imaginées, adoptées, fantasmées, les grands-mères et filles qu'elles ont un jour été. Nous partageons une même histoire, une mémoire, elles m'ont précédée et je les suis. À moi de me tourner vers elles, de les saluer comme des sœurs, en portant un enfant à mon tour dans mes bras. Quelle mère suis-je ? Quelle mère vais-je être à nouveau ? Que vais-je reproduire en me reproduisant ?

Une petite fille a des marques sur les bras, ses parents m'expliquent qu'ils ont été lacérés alors qu'elle était bébé, mais personne ne sait ni comment ni pourquoi. Elle n'en a jamais dit un mot et pourtant elle sait parler. Son père la tient affectueusement dans ses bras, elle a des boucles blondes. Elle me regarde et me sourit. Soudain elle est adulte et me dit qu'avant de se rendre à un rendez-vous, elle exige qu'on ne lui parle pas de ses bras, qu'on ne lui demande même pas pourquoi elle n'en parle pas. Que c'est son entière liberté de refuser que le sujet soit abordé auprès d'elle. Une personne me tend un magazine illustré de photos qui raconte son histoire. Par discrétion je le referme, je ne le lis pas. Elle s'en rend compte, elle en est touchée et décide de me raconter l'histoire de ses bras. « Il y en a plusieurs, me dit-elle, certaines appartiennent à l'enfance, d'autres, à l'âge adulte. »

D'où me vient cette histoire ? Une petite fille aux bras blessés ? Un secret qu'elle veut me révéler ? J'écris ce rêve en tremblant sur un papier, que je glisse dans un carnet. Cette fille silencieuse aux bras griffés est tenue dans les bras de son père. Où est sa mère ? Pourquoi est-elle blonde ? Comme ma mère. Enfant et adulte à la fois. Quelle est cette histoire qu'elle propose de me raconter, pour me remercier de ma discrétion ?

Je pense à ma grand-mère paternelle, Violette, que j'ai peu connue. Elle est morte quand j'avais deux ans. Ce que je sais d'elle, je l'ai appris par ma mère, ou des amies de la famille. Elle connaissait des phases de force, où elle était merveilleusement active, mais venaient ensuite des passages de faiblesse, de désarroi et l'effrayante possibilité de ne plus maîtriser ses gestes, comme celui de porter solidement un bébé dans ses bras. Elle était bipolaire et la médecine ne savait pas encore ce qu'était cette maladie ni comment la soigner.

Violette était pharmacienne et confiait pendant la journée son premier enfant, mon père, à la campagne, à Sainte-Église-la-Gaillarde, à un couple d'amis, garde-barrières, papa et maman André. Dans cette maison au bord de la voie ferrée avec des poules et des lapins qui couraient partout, mon père a reçu énormément d'affection.

Après la mort de Violette, mon grand-père ne s'est jamais remarié. Il avait été très amoureux d'elle et l'évoquait tendrement, le regard au loin, vers le souvenir :

– Violette aimait les iris.

Elle est tombée d'une fenêtre de la clinique où elle était soignée pour une crise grave.

Papa, tu ne me parlais pas de ta mère facilement, quand je t'interrogeais sur elle. Tu regardais le sol, sans trouver les mots, avec un sourire d'excuse, comme si tu t'en voulais de lui reprocher de vous avoir laissés brutalement. Tu savais combien elle souffrait et n'y pouvait rien. Alors, tu te frottais les deux bras, comme pour te réchauffer. Pour te tenir un peu et ne pas te laisser tomber.

– Je ne me souviens plus très bien…

Ma mère m'a dit que Violette était une belle femme, indépendante, active dans son commerce, appréciée dans son quartier pour son dévouement, mais qui plongeait régulièrement dans les abîmes sombres et profonds de la mélancolie. Sur les photos que j'ai d'elle dans mon appartement, elle a l'air bien, son sourire est tendre, amusé et ses yeux noirs et profonds. Une main posée sur la joue, elle regarde un berceau, je crois que je suis dedans. Sur une autre photo, que j'ai encadrée, elle tient ses deux jeunes fils par la main, elle fixe l'objectif, la tête légèrement penchée, non par douceur mais dans cette attitude que l'on retrouve chez toutes ces femmes peintes par Modigliani qui penchent la tête de côté pour essayer de regarder droit un monde qui leur semble de travers.

On m'a annoncé qu'elle était morte dans son lit, pendant son sommeil. Maman me l'a expliqué à voix basse en me caressant les couettes, dans le salon. Et je l'ai raconté plus tard à plusieurs de mes amies :

– Ma grand-mère, elle est morte en dormant ! Elle n'a rien senti ! Comment tu voudrais mourir, toi ? Moi, je sais, j'aimerais mourir comme ma grand-mère !

Il me semble pourtant que j'avais compris qu'on avait pris une précaution en s'adressant à moi. Mais qu'est-ce qui pouvait être pire que la mort ? On m'avait peut-être brandi cette mort paisible comme un bouclier ? Pour me garder à l'abri d'une chose terrible ? Une chose qui pouvait me sauter dessus ? Mais un jour, vers treize ans, j'ai su la vérité.

– Quoi ? C'est vrai ?

Je suis tombée de haut. Et ma chute s'est inscrite en moi et j'en tombe peut-être encore, infiniment, parfois. Comme dans l'histoire terrible de Barbe-Bleue, je comprenais qu'il y avait toujours eu à proximité cette chambre secrète, interdite, et voilà que par l'énonciation de la vérité, j'y entrais : une défenestration. J'ai éprouvé une grande peine pour ma grand-mère Violette et aux pleurs se sont substituées les peurs. L'ennemi était mis au jour ! Le monstre secret, la dépression, pouvait, maintenant que la porte était ouverte, se venger, surgir du noir, me manger toute crue ou me faire sauter dans le vide moi aussi.

J'ai refermé la porte, comme un chapitre qui devait être clos, j'ai gardé la maladie enfermée dans la cave. J'ai eu peur. Il y avait un minotaure dans le labyrinthe de mes pensées, prêt à me dévorer !

J'ai fait faire à ma peur de la dépression-mort de longues promenades pour la distraire, pour la tromper, pour qu'elle me laisse tranquille, je faisais des détours dans mes pensées, dans mes désirs, pour éviter de passer devant le trou et d'y tomber moi aussi. Je ne terminais pas mes phrases, les laissant en suspens, dès que je m'approchais d'un piège, m'affolant de sentir ma peur, tapie sournoisement dans sa cage obscure.

Jeune femme, j'en perdais parfois le fil de mes pensées, de mes colères, de mes désirs. Je prenais des chemins éloignés pour ne pas m'approcher du drap blanc de son angoisse et je me suis perdue plus d'une fois en route, oubliant mon but. Je m'épargnais d'un côté et je m'égarais de l'autre. J'avais peur de m'évanouir et je m'évanouissais. Dans une montée d'adrénaline, le sol se dérobait sous mes pieds. J'avais peur de tomber, de me laisser tomber, je cédais à la panique et tombais.

Maintenant que je suis mère, qu'un être grandit à nouveau en moi, je sens mon centre de gravité comme un noyau dur, dense et plein. Je me sens forteresse. Mais il me reste à apprivoiser ces bras blessés maternels de mon rêve, je dois secouer mes rires et mes pleurs dans la neige. Connaître le sol émotionnel sur lequel je me tiens, les bras qui m'ont portée. À la suite d'évanouissements, d'étourdissements dans mes premières années à Paris, j'ai commencé une thérapie puis une analyse. J'ai cherché, un fil d'Ariane à la main pour ne pas me perdre, un chemin qui me conduise devant la cage obscure. J'ai aperçu, le cœur battant, une ombre se cacher, avec la maladie et la tragédie. J'ai senti sa force d'attraction et ma peur de tomber, de me laisser tomber dans le vide et le noir. J'ai voulu me prouver que mes jambes étaient assez sûres pour me porter et mes bras assez solides pour tenir bon. Être sûre qu'ils n'allaient pas lâcher, que je pourrais rester debout. La dépression n'est pas toujours liée à la mort. Et avoir peur de la dépression, ce n'est pas être dépressif. Je veux pouvoir me laisser traverser par la vie, par le jour, violent ou doux, bon ou mauvais, sans en perdre le sens, l'élan, le goût. Je dois chercher ma force dans ma faiblesse, mon équilibre dans mon déséquilibre.

Sur le divan de Mme Goud, mon analyste, je parle beaucoup de toi, grand-maman, qui t'es battue contre le minotaure toute ta vie d'adulte et je pense à ton combat comme à celui d'une héroïne. Mon cœur se serre de savoir qu'au lever d'un jour, tu as perdu contre cette cruelle maladie, qu'on connaît mieux aujourd'hui. Et j'admire avec quelles force, tendresse et profondeur tu t'emparais de l'amour dès que tes tourments t'accordaient un moment de répit. Ta passion pour la vie était aussi admirable que tes désarrois étaient profonds, je t'imagine, je t'appelle, j'envie ta passion, ta force, je veux te ressembler. Mais quand tu te sentais devenir loup-garou, l'angoisse devait monter, terriblement douloureuse. Je pense à la détresse que tu as dû éprouver de ne plus pouvoir être proche de tes trois enfants, de ne plus pouvoir les réconforter dans des bras solides de mère. Je pense tellement à toi en attendant mes enfants, je suis reconnaissante de pouvoir les porter dans mes bras, dans mon ventre, sur une terre ferme. Sur les photos que j'ai de toi dans mon appartement, tu as l'air forte, tendre et belle, ma grand-maman Violette.

Un rayon de soleil s'enfile dans la rue Caulaincourt, j'avance sur le trottoir, soulevant mon ventre dans mes bras pour soulager mon dos. Je sens un déplacement, un coup de coude ou de genou, une place qui se cherche et change. Tu commences aujourd'hui ton sixième mois. Sens-tu comme l'air est bon, court sur la peau de mes bras, dans mon cou et se glisse sous mon tee-shirt ? Nous partageons dans mon corps des espaces communs et en tenons d'autres écartés. Ta chambre est dans une petite partie de moi, bien au centre, au milieu, bien loin de la surface de mon épiderme. Peut-être reçois-tu certaines de mes sensations en partage ? Une tension ? Le secouement d'un rire, d'une étreinte, la raideur d'une inquiétude, le tremblement de pleurs ? En ce mois de septembre, c'est l'été encore, il semble que l'air de l'après-midi soit d'une température juste égale à la mienne, je me laisse frôler par son souffle, comme un ventre chaud dans lequel je me meus moi aussi, je goûte sa chaleur, sachant qu'elle s'en ira bientôt.

Papa, tu venais souvent à Paris pour une conférence, un comité, et me donnais rendez-vous devant une statue ou un monument. Je t'apercevais de loin, te faisais un signe de la main, tu étais déjà en train de me prendre en photo pour emporter avec toi ce début de retrouvailles déjà matière à souvenir. Tu portais toujours de lourdes sacoches, débordantes de dossiers, je te proposais de les poser par terre mais tu disais que ça t'équilibrait de les garder. C'était à regret que tu te défaisais d'un poids à porter. Tu me frottais le dos énergiquement, m'emmenais dans un restaurant, avant d'aller à ta conférence, à laquelle j'assistais. Je suivais le sens des cinq premières minutes et acceptais volontiers d'écouter la suite, sans sous-titrage, sans comprendre ce poème quantique écrit dans une langue venue d'un pays lointain. Je saisissais qu'il s'agissait de quelque chose qui me concernait, j'étais faite de poussières d'étoiles et l'univers m'avait longtemps, lui aussi, portée dans son berceau. J'entendais parler de matière cachée, d'énergie, d'attraction, de trous noirs, de relativité, de force forte et de force faible. Je cherchais dans ce lexique un mot intéressant pour comprendre ma nouvelle vie.

J'associais une expression comme « force faible » à la jeune fille que j'étais, à mon paysage intérieur contrasté, passionné, tremblant, vaste et inconnu. J'avais dix-neuf ans, il y avait un monde que je laissais, celui de mon adolescence, où j'avais perdu avec effroi deux amies de collège dans la drogue dure et où une amie d'enfance traversait un passage difficile vers l'âge adulte, une perte de repères. Nous avions essayé de nous voir mais nous étions soudain trop éloignées l'une de l'autre pour nous aider – encore une autre blessure. Tu avais traversé une dépression cette année-là, je terminais mon bac, je me séparais de mon premier amoureux, et je quittais Genève, le cœur lourd, pour une vie que j'allais inventer. Être comédienne, je l'avais souhaité si fort et depuis longtemps, et voilà que j'allais commencer. Il me fallait des mots, des livres, des films, des rencontres pour me repérer sur ma nouvelle carte, me guider, je cherchais avec urgence une boussole. Je découvrais l'école de théâtre de la rue Blanche, des jeunes partenaires, je marchais librement dans la ville dont ma mère avait rêvé sur mon berceau et que je rejoignais avec l'espoir fou d'être actrice. Je jouais des textes que je ne comprenais pas encore, mais dont je me saisissais dans mes cours, avec l'élan et la force de l'intuition. Je m'élançais, ouvrant grand mes voiles dans les rôles de Tchekhov, m'inventant une maturité que j'empruntais à l'auteur. Cherchant ma voie dans les tragédies, dans le drame, me trouvant plus à l'aise dans la comédie, ou dans le théâtre russe qui rit et qui pleure en même temps. J'aimais l'insolence, l'audace, la vivacité des femmes de Molière, j'abordais le répertoire contemporain, haletant et brut, en privilégiant les personnages de femmes marginales, éperdues, décalées. Je lisais Georges Bataille, *Histoire de l'œil*, et je me demandais s'il fallait garder ma vie ou la donner, la protéger ou l'offrir sans retenue. Émotionnellement, sexuellement, affectivement, me préserver ou me lâcher. Je tâchais de repérer rapidement dans ma course – car c'était une course, j'avais hâte d'avenir – ce qui était mirages et illusions, ce qui me convenait, ce que j'aimais ou non dans le théâtre, les films, l'amour, ce que je supportais ou non dans les rencontres brèves ou longues, les relations de travail, les sorties en boîte, l'alcool, ce que je supportais ou non pour ne pas me prendre trop souvent une claque de plein fouet et me fracasser le cœur. Souvent, je venais comme la mouette me cogner à la vitre de ce « Et là, on ne sait plus très bien ». Je bavardais le soir en rentrant avec mon frère Bernard, musicien de jazz qui s'était installé à Paris juste avant moi et qui me faisait beaucoup de bien.

Mais de cela, à nos déjeuners je n'en parlais pas, la première année. Je racontais les pièces, les castings, les films, les amis en riant… Je ne te disais pas que malgré mon sourire bien accroché, mes joues rondes et mon énergie positive, je m'étais inquiétée, sans oser le dire, je m'étais évanouie et mes jambes m'avaient lâchée. Que quelquefois j'étais tombée dans un ascenseur – ou sur un trottoir, ou serrée dans la foule dans un wagon de métro : je transpirais, ma vue se brouillait, la lumière ne pouvait plus me traverser, mon cœur s'affolait et je perdais connaissance. « C'est le cas de beaucoup de jeunes femmes, m'avait dit mon médecin, un malaise vagal, une tension basse, ce n'est pas grave. » Je remontais heureusement vite à la surface, reprenant mes esprits au milieu d'inconnus qui me proposaient de m'asseoir et m'offraient un peu d'eau. Je m'étonnais de la force émotive qui pouvait ainsi provoquer ma chute. Alors je promenais des petits morceaux de sucre et de chocolat dans mes poches, que je laissais fondre dans ma bouche aux premières sueurs froides dans la nuque et sifflements d'oreilles.

Cela ne faisait pas partie de nos conversations, mais j'en parlais à maman qui m'avait vivement conseillé de commencer une thérapie et m'avait donné plusieurs adresses. « Il y a un fort terrain émotionnel et plusieurs dépressions dans la famille, tu dois l'apprivoiser avec confiance, surtout avec ton métier, qui te demande d'exprimer tant de choses. »

C'est ainsi que je me représentais, la « force faible » : une qualité d'émotion trop perméable, un tremblement, une voile flottant dans ma poitrine. Et je voulais la développer en une « force forte » : un ancrage, une racine croissant loin dans la terre et me permettant de communiquer avec empathie et profondeur. Je notais des mots, des pensées au crayon gris sur un petit carnet que j'avais toujours dans mon sac. Et, au milieu d'un public de physiciens, dans cet amphithéâtre, je piochais dans ta conférence d'autres termes : trou noir, intensité folle, cœur qui s'effondre. Je les associais à ce monde inconscient, sensible, invisible mais si manifeste. Et j'appréciais toujours la beauté de ce « Et là, on ne sait plus très bien » qui concluait la présentation et précédait les applaudissements.

J'arrive à cette fin d'été, à la première école maternelle d'Antoine. Je retrouve, en l'accompagnant dans sa classe, les sensations oubliées de mes classes enfantines, les cris, l'odeur du Néocolor, de la peinture, de la colle. Bientôt, j'accompagnerai à nouveau un deuxième enfant dans ce cycle scolaire… Tu ne connaîtras pas ces enfants qui grandiront, mais je leur parlerai de toi, papa. Tu seras une étoile que nous choisirons dans le ciel, leur grand-père, chevalier de l'univers, qui aime le chocolat et les nougats et se penche sur leurs berceaux avec des quarks et des sourires de chat.

L'église du quartier sonne quatre heures, un groupe de parents est rassemblé sur le trottoir de l'école et j'en salue quelques-uns. Je me glisse dans la foule et attends la sonnette stridente qui annonce l'ouverture des portes de l'école. J'enfile le couloir principal, décoré de dessins, de portraits aux couleurs vives, vers la classe d'Antoine. Je prends de la place avec mon ventre, dans la cohue on s'écarte, on me laisse passer avec attention. Un ventre rond, c'est le contraire d'un trou. Je me sens *pleine*. Pendant ma grossesse je me sens soutenue et centrée par le petit être. Moi qui étais sujette aux évanouissements, qui avais peur de tomber, je n'ai plus aucun vertige pendant mes grossesses, contrairement à l'ordinaire des femmes enceintes. Je me sens portée en portant. Je suis pénétrée, visitée, habitée, occupée. Le trou est plein, dense, d'une énergie folle et infinie, et dévie aussi légèrement la course, par sa force attractive, de toute personne qui s'en approche.

La vue d'un ventre proéminent comme un obus réveille chez certains passants une inquiétude, je m'en aperçois. Peut-être le souvenir de voir venir un petit frère ou une petite sœur qui semblait dire : Pousse-toi de là. D'autres éprouvent un léger malaise, peut-être un sentiment d'exclusion devant ce corps qui est déjà *pris* – j'ai entendu parfois : « C'est monstrueux, une femme enceinte » ; d'autres encore l'évitent, la trouvent ennuyeuse : de quoi elle parle d'autre que de sa grossesse ? Certains, certaines ressentent de la convoitise, de la jalousie, certains feignent une indifférence, un déni total. D'autres ressentent une profonde timidité, une tendresse, un signe amical devant le mystère de mon ventre rond. Je reçois un sourire, une blague, une caresse, tantôt je souris, tantôt je ferme mon manteau et fais bouclier contre les intempéries, comme une maman-oiseau je serre mes ailes et protège mon nid, je le défends contre les tempêtes, les peurs et les pluies.

Je parle au téléphone avec ma grand-mère maternelle, qui est morte il y a dix ans. Elle vérifie mon adresse, me demande s'il y a un code, elle veut m'envoyer quelque chose de délicat et fragile. Je suis étonnée qu'elle m'appelle et je ne comprends pas qu'on ait passé tout ce temps sans se parler alors que cette communication semble finalement si simple. « Tu vas bien, Lou ? »

Les portes du métro sonnent, j'ouvre les yeux, regarde avec étonnement mes voisins de banquette, surprise d'avoir fait ce petit bout de voyage avec ma grand-mère maternelle sur la ligne 2 et je m'empresse de sortir. Qu'avait-elle d'autre à me dire ce matin, à moins que ce soit moi qui aie voulu échanger un peu avec elle, l'inviter à prendre un thé dans mon berceau ? Je porte à mon majeur droit sa bague de fiançailles, une aigue-marine bleu clair sertie de brillants. Ma mère me l'a confiée. La pierre est de la couleur de ses yeux, comme ceux de ma mère, et il me semble que, de ma main, elle me regarde, se confie et parfois me demande de me ressaisir, de me tenir droite, de me peigner ou de mieux faire ma raie. Elle a suivi, de six mois, la mort de mon grand-père, j'avais vingt-cinq ans. J'ai dans notre appartement, en souvenir d'elle, une couverture qu'elle avait crochetée, une table marocaine dont le cuivre se met à briller certains après-midi ensoleillés, quelques livres annotés – dont les œuvres complètes de Molière – et beaucoup de lettres d'elle, rassemblées dans une enveloppe kraft. Elle suivait une ligne de conduite pratique et rigoureuse. Une pièce bien rangée était belle parce que le rangement, en soi, était beau. Un habit simple était élégant car l'élégance était dans l'attitude. Elle se tenait droite, pratiquait le yoga, elle avait toujours un ouvrage dans les mains, détestait les fastes et la modernité matérielle, inutile et futile. Elle se brossait les cheveux cent trente fois le matin, se coiffait d'un chignon souple, se lavait le visage à l'eau de rose et fleur d'oranger et s'habillait sobrement – qu'on ne lui offre surtout pas d'habits, elle en avait assez ! Elle conseillait en toutes choses – pour le rangement d'une trousse à couture, ou pour l'agencement des chaises autour d'une table – de la praticité et de la méthode. L'ordre était un repos pour l'œil et pour l'âme et donc absolument nécessaire. Elle pouvait être dure dans son exigence, mais laissait échapper dans la conversation d'heureuses contradictions, d'émouvantes fragilités, un fervent penchant pour la musique et la poésie, et d'elle émanait à son insu une grande fantaisie que j'aimais. Elle pouvait rire aux larmes en racontant une blague ou une devinette. Et contre toute attente, me prendre un instant affectueusement dans ses bras, si je lui confiais une peine d'amour. Elle glissait un paquet de galettes Saint-Michel dans mon sac de voyage de retour, pour me consoler, et mon grand-père Yvon me disait pour me rassurer : « Allez, tu connaîtras d'autres peines », tandis que l'océan, devant la maison, s'approchait en dansant aux fenêtres.

J'aime encore aujourd'hui retrouver, au bord de mon océan, ce vent salé et humide qui fouette et rougit la peau. Rentrer de balade le K-Way collant et trempé, les cheveux plaqués aux joues, parler fort et enfiler deux pull-overs pour me réchauffer – et si un des pulls, empruntés dans les affaires de pêche, râpe un peu, je sais qu'un chant aimant émane de cette laine rêche qui pique. Dans cette maison, le contact se définissait dans une brusquerie, parfois dans une rudesse qu'il fallait traduire comme une pudeur, où se devinait une marque de tendresse. L'amour s'y exprimait avec un peu de résistance, comme une rose qui se protège, qu'il faut cueillir en s'écorchant un peu sur ses épines.

Ma grand-mère s'appelait Louise et se faisait appeler Lou. Elle aurait aimé suivre une carrière de violoniste mais Yvon, son jeune mari, ingénieur d'usine, protestant lui aussi, inflexible, considérait que ce n'était pas compatible avec les devoirs du mariage. Lou parlait rarement de ce qu'elle ressentait, ou alors exceptionnellement, en citant un martyr ou un passage de la Bible qui le permettait.

– Tu sais, je pleure plusieurs fois par jour, sans savoir pourquoi. Encore ce matin, en lavant ma salade. Et tu vois, saint Martin dit que quand on est triste, il faut rencontrer quelqu'un de plus triste que soi, pour le consoler. Alors je pense à toi, à ta peine, à ton jeune chagrin d'amour. Et c'est vrai que, depuis que tu es là, je me sens beaucoup mieux !

Elle avait toujours à ses pieds, dans son sac de raccommodage, son carnet de poésies, elle écrivait les poèmes qu'elle aimait et elle les récitait volontiers en crochetant sa couverture. Ses favoris étaient « Les conquérants » de Heredia et « Rêves ambitieux » de Josephin Joulary. Elle me proposait d'en dire un à mon tour et me donnait quelques conseils :

– Articule. Ne va pas si vite. Soutiens tes fins de phrase ! Je ne comprends pas tes fins de phrase ! Tu dois chercher une pose plus nonchalante, en léger déséquilibre, comme si tu disais le poème en passant. Par exemple une épaule adossée à un cadre de porte ou alors à demi assise sur un coin de table. Et tourne ton visage de trois quarts, la lumière est plus belle sur un visage de trois quarts. Sinon tu as l'air raide comme sur un photomaton ! Tu devrais donner de l'emphase à certains mots, car les emphases… ça aide à comprendre.

Lou et sa sœur avaient eu dans leur adolescence un précepteur qui les avait formées pour devenir musiciennes. Lou travaillait chaque jour des études virtuoses pour violon et on entendait souvent, derrière la porte fermée de la chambre de musique, d'autres morceaux, aux accents mélodieusement plaintifs, où sonnait un aveu : la vie était bien différente de celle qu'elle avait un jour imaginée.

– Si seulement on m'avait expliqué, j'aurais pu mieux comprendre…, disait-elle parfois, les yeux embués. Oui, si on m'avait dit que la prière n'est pas toujours exaucée, que la Bible est à interpréter et non à prendre à la lettre ! Si on m'avait expliqué pourquoi ma sœur, qui devait être pianiste, est devenue sourde à vingt ans, et pourquoi j'ai perdu deux enfants…

Ajoutant toujours qu'elle serait bien malvenue de se plaindre, elle qui avait eu tant de chance. Et elle tirait la laine de son panier en faisant une moue, avançant les lèvres en une sorte de « chut » qui mettait fin aux épanchements et remettait la conversation et le cœur au pas.

Mais c'est à ton histoire de mère, Lou, que je pense aujourd'hui, cette histoire que tu ne racontais pas et que je comprends, comme ces cent trente coups de brosse qui tentaient de leur mieux de te libérer d'une peine accrochée à tes cheveux. Tu étais bien plus jeune que moi, à ta première grossesse. Vous avez eu, avec Yvon, neuf enfants. Tu as accouché de tes deux premiers fils et le deuxième est mort subitement de tuberculose. Tu étais plongée dans une peine inconsolable et quand, à sa suite, est venue maman, tu étais incapable de t'en réjouir. Tu ne pouvais t'occuper de tes enfants vivants, tu voulais te consacrer entière à ta peine et à ton deuil. Yvon a voulu concevoir de nouveaux enfants, afin d'oublier les morts. Et tu pleurais, tu n'as éprouvé aucune joie dans les grossesses qui ont suivi. La vie d'un enfant était si fragile, il était sage et recommandé de ne pas trop s'attacher, ni à une grossesse ni à un nourrisson, de garder un certain détachement, mais comment faire ? Il vous est venu une nouvelle petite fille, mais elle est décédée à son tour, en bas âge, de la typhoïde. Personne n'a su me dire à quel âge exactement, comme si le temps échappait à se fixer sur certains chagrins. Tu pleurais, priais, démunie, désespérée : deux enfants morts, si tôt, déjà ! La femme du pasteur est venue te consoler, te portant une statuette de la Vierge à l'Enfant en verre poli. Tu lui as été reconnaissante de ce présent – une Vierge mère, bien inhabituelle chez des protestants. Tu as fait, comme elle, un écart à ton protestantisme, en gardant toute ta vie cette statuette sur ta table de nuit. La vie vous a donné par la suite cinq autres enfants bien portants, que vous avez élevés de votre mieux, malgré la dureté et la violence de la deuxième guerre.

Je pense à vous, Lou, Violette, vous ne connaîtrez

jamais mes enfants, ni les leurs, sauf quelquefois en visite de votre étoile, en songe. Je vous serre dans mes bras. Nos bras, fragiles et fermes. S'il me fallait ne choisir qu'un geste, ce serait celui-là. Tenir, prendre, aimer dans ses bras.

– Partez maintenant. Quand il ne vous verra plus, il va se calmer et ça se passera très bien. Si, si, je vous assure.

Antoine pleurait, ne voulait pas rester dans la classe de petite section de maternelle, les autres enfants criaient, la jeune maîtresse aux cheveux rouge vif a gardé son calme et a demandé aux parents de partir discrètement, sans dire au revoir pour ne pas prolonger le drame de la séparation. Nous sommes partis, à regret, obéissant, le cœur serré.

En rentrant, j'ai démarré la machine à café dans la cuisine, et je me suis allongée sur mon lit encore défait. Ma main sur mon ventre, je sens de droite à gauche, comme la pointe d'une vague qui se déplace sous une étendue d'eau. Sous ma paume, tu me présentes ce que je devine être ta tête ou ton dos. Je te raconte ce que nous faisons. Mes lèvres bougent sans émettre aucun son.

– Il te reste encore deux ou trois mois pour être prêt

à naître au grand jour. Tes cellules se constituent, se développent à une vitesse folle. Nous sommes deux cœurs, deux vies. Et même si ta vie est contenue dans la mienne, tu as tes activités, indépendamment des miennes. Tu dors quand je répète, tu rêves quand je parle, tu te réveilles quand je dors, tu bouges quand je m'allonge, tu me donnes des coups quand je m'étire. Dans quatre semaines, ce sera la première. Il y aura cinq semaines de représentations et tu dois prendre le temps de grandir, de faire quelques longueurs encore dans mon bassin. Tu sais, dehors, c'est le mois d'octobre, il y a du vent et il commence à faire frais. Un jour de neige, tu sortiras de ce monde chaud et connu. Une autre vie est là et t'attend !

Notre bonzaï a quitté son minuscule pot à Paris et je le vois se déployer dans le parc vallonné de Trembley. C'est devenu un orme énorme, j'ai du mal à le reconnaître. Je l'admire du haut de ce jardin genevois qui dégringole en pente douce. Son tronc est en contrebas et sa cime est à la hauteur de mes yeux, elle se berce comme des cheveux dans le vent.

Et toi, maman ? Tu as mis longtemps à oser être une enfant. Tu as d'abord été un ange. Tu as été la fille d'une maman en pleurs. Tu me dis être devenue, dès ta naissance, sage comme un ange. Sage comme ton frère et ta sœur dans le ciel. Il fallait leur ressembler le plus possible, être le moins vivante possible et espérer se faire aimer, ou du moins oublier, afin de ne pas déranger le chagrin dans sa tombe. Être douce, silencieuse, irréprochable. Et ne pas imposer à ta maman, Lou, de devoir choisir entre les enfants vivants et les enfants morts.

– Mary ? Elle est sage. Comme un ange !

Un ange ? C'était parfait. C'était silencieux et céleste. C'était la voie à suivre. On te l'a peut-être suggéré et tu t'en es emparée. Tu buvais à chaque repas dans une timbale où était gravé le prénom de ta défunte sœur et tu allais, une main dans celle de ta jeune maman en pleurs, fleurir les tombes des disparus, puis tu t'es occupée sagement des nombreux nouveaux bébés, des vivants.

Ce n'est que récemment que tu m'as dit :

– J'ai enfin entendu un terme pour cela : je suis une « enfant de remplacement ».

– C'est quoi ?

– Une enfant endeuillée dans une peine interdite : tu n'as pas le droit d'être triste puisque tu es vivante et tu consoles les autres, remplaces les autres, soulages les autres et tu vis dans un nuage ! Je ne ressentais rien !

Ma mère s'emporte aujourd'hui contre le passé, contre les larmes ravalées, contre les colères écartées, contre cette enfant si sage qui n'exprimait rien, contre cette tristesse diffuse qui s'emparait d'elle, jeune adulte, et dont elle ne savait plus si elle était la sienne ou celle des autres. Une douleur qu'elle n'avait pas eu le droit de vivre et de partager, et qui était revenue vers elle, avec la force d'un boomerang.

Ma mère a été longtemps cet ange aux yeux bleus, cette ravissante jeune femme, épouse et mère de famille blonde au sourire mélancolique, mais à quarante-quatre ans, après trois ans d'analyse – j'avais onze ans –, elle nous a annoncé dans la cuisine que c'était FI-NI !

– Qu'on ne dise plus JAMAIS que je suis sage, que je suis DOUCE !

– Mais, maman, c'est bien d'être douce.

Je ne savais pas que cette douceur était, pour elle, un écran, un bouclier contre les rires, les larmes, les jalousies, les colères, les peurs et autres intempéries. Ma mère avait entendu dire qu'elle était douce toute son enfance, et elle prononçait maintenant des mots comme « sage » ou « douce » ou « ange » avec les yeux écarquillés, comme si elle parlait d'une tempête, d'une menace ou de l'ogre qui voulait manger le Petit Poucet !

– Parfois j'ai BESOIN de me mettre EN COLÈRE !

– Tu veux dire quoi ? Que c'est bien d'éprouver de la colère ?

– Oui !

– Mais c'est bien d'être douce. Moi j'aime bien quand tu es…

– …

– Maman, tu m'écoutes ?

– Non ! Parfois, ta mère n'a pas envie de t'écouter ! disait-elle en posant fermement et sans appel une casserole sur le feu.

– … ?

Mon père, assis sur le tabouret de la cuisine près de nous, me souriait et me faisait un clin d'œil, caressant notre chat, disant : « Ah depuis que ta mère fait une analyse… Et qu'en dit le chat ? Est-ce qu'il est en colère, ce bon chat ? »

J'avais onze ans et ne comprenais pas pourquoi cette colère devait être une victoire, un fantastique exploit. C'est grâce à ma mère qu'allaient s'ouvrir pour moi ce monde des émotions dites, cette possibilité de parler de ce qui nous bouleverse, d'entendre un vocabulaire désigner l'inconscient, les rêves, les fantasmes, le refoulement, le ressenti, les pulsions…

Elle n'était PAS DOUCE et parfois, elle avait BESOIN de se mettre EN COLÈRE, de tonner, gronder, éclater et s'échapper de ce satané nuage ! Résolue à prendre ce risque, elle se jetait à l'eau avec courage. Et si nous, ses enfants, rigolions parce que notre mère devenait rouge et qu'elle avait soudain l'air d'une petite fille – il fallait bien reprendre la colère là où elle l'avait laissée, jeune enfant –, oui, elle osait ! Il était tard à quarante-cinq ans d'apprendre à se rebeller ? Peu importe ! Il le fallait ! Pour lutter contre la mort, le deuil et la douleur qu'elle n'avait pu exprimer ! Et chacun pouvait bien s'étonner s'il le voulait. Cette colère, c'était une permission, une affirmation de soi qu'elle s'autorisait enfin, après quarante-cinq années de vie céleste ! Elle nous l'a annoncé comme une réussite encore fragile, bien décidée à exprimer dorénavant ce qu'elle ressentait, bon ou mauvais, déterminée à être dans le VIVANT.

– Eh bien OUI, parfois, tu vois, ta mère a envie de dire NON !

Avec ce NON, la terre pouvait trembler, elle le défendrait jusqu'à l'os. Enfin, disait-elle, elle se sentait vivante ! Elle se sentait bien, là !

– Heureusement que j'ai fait une analyse !

On l'entendait parfois annoncer qu'elle allait se fâcher ! Et dans une inspiration, elle annonçait, guerrière :

– Non finalement, MIEUX !

– … ?

– Je ne dirai RIEN !

Et elle claquait la porte de sa chambre et le grand Lustucru pouvait bien s'il le voulait se retourner dans sa tombe !

Aujourd'hui encore, elle se met en pétard contre cette enfant, jeune fille inexpressive, trop sage qu'elle avait été. Mais à qui en vouloir tant d'années plus tard ? Contre qui se battre ? Contre le désarroi d'une mère perdue, qui ne pouvait l'aider ou la comprendre ? Une mère qui était, comme sa petite fille, démunie, sans mots, devant la douleur ? Son berceau avait été arrosé de larmes interdites, et l'enfant Mary avait enfin osé s'y baigner, avait retrouvé le bord, se réchauffait sur sa berge chaude et allait découvrir enfin le monde vaste, alentour, qui l'attendait.

Un poème accompagne ma mère depuis son adolescence. C'est « Recueillement » de Baudelaire. Récemment, elle m'a demandé de le lui faire travailler, pour le présenter à son cours de diction à l'université du troisième âge. Beaucoup de verbes y sont conjugués à l'impératif. Je lui ai dit : « Tu tutoies la Douleur, elle a une majuscule, comme si c'était une personne. Tu lui parles familièrement, tu la connais bien. » Ma mère l'a dit assise sur le tabouret de la cuisine, avec une voix d'enfant et d'adulte à la fois. Et j'étais si émue quand elle m'a demandé à la fin si elle avait bien articulé. Elle m'avait, du poème, ouvert les sens cachés, interprétant merveilleusement le Regret souriant, l'adresse intime et désespérée, comme une enfant triste à sa chère poupée de chiffon, une adulte qui parle à la berge de son enfance.

Sois sage, ô ma Douleur, et tiens-toi plus tranquille.
Tu réclamais le Soir ; il descend ; le voici :
Une atmosphère obscure enveloppe la ville,
Aux uns portant la paix, aux autres le souci.
(...)

Allongée sur notre lit, je regarde le lit-parapluie d'Antoine, devant nous, dans l'obscurité de la chambre. Mathieu et Antoine dorment déjà. Je n'arrive pas à trouver le sommeil, j'essaie de me souvenir de ce dont je ne peux pas me souvenir. J'ai un mois. Je suis emmaillotée dans un linge blanc, comme sur les photos de moi en noir et blanc que j'ai vues dans l'album. Il fait chaud, c'est le mois d'août et un rideau bleu marine fait de l'ombre sur mon drap. Je suis sur le dos, je fais danser mes mains au-dessus de moi, je les fais tourner comme un mobile au-dessus d'un berceau. Je perçois les contours et les contrastes foncés ou clairs de mes mains. J'observe le plafond, le rideau bleu, les particules de lumière qui tournoient dans l'air. Je suis absorbée par ce que je vois et me repose. J'entends des pas, une porte s'ouvre, des cheveux blonds se penchent sur moi, ils sont doux, je les attrape et tire fort dessus, comme sur la corde d'une cloche. Deux planètes bleues me regardent et des mains chaudes me soulèvent. Mon corps se blottit entre deux seins moelleux et un long cou qui sent la lavande sous le rideau de cheveux. J'ouvre la bouche et mords le cou, cherchant le lait.

Enfant, j'étais trop petite pour appuyer dans l'ascenseur sur le bouton numéro huit de mon étage. En me hissant sur la pointe des pieds, je pressais le numéro quatre et il m'en restait autant à poursuivre à pied. Il me semblait, à chaque coin de palier, apercevoir la méchante belle-mère de Blanche-Neige qui m'attendait dans son manteau rouge et noir. Avais-je peur qu'on m'enlève ma maman douce pour la remplacer par une maman en colère, jalouse et cruelle ? Quelques années plus tard nous avons déménagé pour une maison et la sorcière s'en est allée. C'était cette fois une maman psy pour d'autres enfants qui m'attendait à la maison. À ne déranger sous aucun prétexte !

Je rentrais du collège, puis du lycée, en silence, pendant les heures de consultations. J'ouvrais et fermais la porte d'entrée sans bruit, je n'allais pas aux toilettes de l'étage, je ne répondais pas au téléphone. Elle était devenue, après plusieurs années d'études, psychothérapeute d'enfants et recevait ses patients dans un centre social à la frontière française. Elle avait dû attendre mes onze ans pour recevoir des patients à la maison, sans craindre que je n'ouvre la porte, jalouse, à tout bout de champ. J'étais envieuse de ce monde secret, libre d'expression. Je l'attendais dans la cuisine, où nous déjeunions ensemble. Et un midi, elle m'a dit :

– Si un jour tu fais une analyse, ce que je te souhaite, il faut que tu saches que j'ai été déprimée quand tu étais petite.

– Ah ?

J'avais quinze ans, je m'émancipais enfin, étais amoureuse d'un garçon, faisais beaucoup de théâtre, j'aimais Pirandello, jouais dans un téléfilm suisse et elle me parlait de mon enfance ? Pourquoi pas d'un autre siècle ? Quand j'étais « petite » ? Et alors ? On s'en fout ! T'inquiète ! Maintenant j'étais « grande » et je ne m'en souvenais plus ! Donc cela n'avait aucune importance.

– Oui, je te le dis car moi, j'ai mis quarante-cinq ans à accepter que ma mère ait pu être déprimée quand j'étais enfant ! Si seulement elle ou moi avions pu nous en rendre compte. Mais tu sais, on parlait peu de ces choses-là, on ne parlait jamais de soi, ni de la tristesse ! Toi, tu gagneras du temps au moins… si un jour tu fais une analyse. Tes frères aussi.

– … ?

– D'ailleurs, je t'encouragerai à faire une analyse quand tu auras vingt ans ! Ça n'a pas dû toujours être drôle pour vous. Quand je pense à l'éducation que je vous ai donnée ! Il y a plein de choses avec lesquelles je ne suis plus d'accord. Que j'aimerais changer. Bon, mais c'est ça être une mère aussi. Tu verras ! On fait comme on peut ! Et ce n'est peut-être pas si mal ! Je fais de mon mieux. Mais je commence enfin à me sentir bien, aujourd'hui, à cinquante ans. Avant c'est comme si j'étais dans un brouillard. Je me demande bien à quoi je pensais. J'ai tellement peu de souvenirs de ce que je pensais.

Malgré ce que ma mère a toujours affirmé, quand je la vois sur des photos anciennes, je ne peux croire qu'elle ait été incapable, dans sa jeunesse, de révolte. Mais à l'entendre : rien ! Enfant, adolescente, jeune fille, elle n'exprimait rien !

– Heureusement que j'ai fait une analyse ! J'ai cinquante ans et je me sens enfin BIEN !

Aujourd'hui encore elle me le dit :

– Je découvre tellement de choses à vivre à soixante-quinze ans ! C'est tard, mais c'est bien…

D'autres femmes mûres sont dans le regret de la jeunesse, dans la nostalgie. Pas elle. La princesse au Bois dormant s'est réveillée. Elle croque chaque jour dans la pomme et cherche à inscrire sa vie dans ce monde palpable du vivant, le seul qui soit : les émotions.

– Tu vois, quand je sens une émotion venir, j'arrête tout – que ce soit lire, marcher, parler – et j'en profite.

Moi aussi, j'ai rencontré un poème. C'était dans mon cours de théâtre. Au début, je ne l'aimais pas beaucoup, je ne le comprenais pas, je le trouvais dur, énigmatique et froid. Il s'est présenté à moi, j'avais quinze ans, je l'ai appris par devoir et il ne m'a plus quittée. Je le récitais immobile et droite comme si j'étais cette Beauté de marbre qui parlait, lointaine, incapable d'amour, comme une porte fermée. J'ai appris d'autres poèmes par la suite, que je préférais, mais je finissais par les oublier, tandis que celui-là se gravait en moi, comme un alphabet à partir duquel je pouvais tout exprimer. Je peux en réciter les rimes sans les chercher. C'est le seul poème dont je puisse dire cela. Je l'ai mémorisé sans le vouloir, les mots me précèdent et je les dis sans effort. Aujourd'hui j'ai appris à l'aimer, même s'il me fait toujours aussi mal.

Je suis belle, ô mortels ! comme un rêve de pierre,
Et mon sein, où chacun s'est meurtri tour à tour,

Est fait pour inspirer au poète un amour
Éternel et muet ainsi que la matière.

Je trône dans l'azur comme un sphinx incompris ;
J'unis un cœur de neige à la blancheur des cygnes ;
Je hais le mouvement qui déplace les lignes,
Et jamais je ne pleure et jamais je ne ris.

Les poètes, devant mes grandes attitudes,
Que j'ai l'air d'emprunter aux plus fiers monuments,
Consumeront leurs jours en d'austères études ;

Car j'ai, pour attirer ces dociles amants,
De purs miroirs qui font toutes choses plus belles :
Mes yeux, mes larges yeux aux clartés éternelles.

Maintenant que je suis mère à mon tour et que je vais l'être à nouveau, ce poème prend un sens particulier. J'entends une voix de mère déprimée, emprisonnée dans un nuage, qui s'adresse à l'enfant que j'étais.

Je me devine affamée, adoratrice, éperdue sur un sein de pierre – ma mère, ma déesse, trône ailleurs, dans l'azur, comme un sphinx incompris : la Beauté, comme la sublimation d'une mère dépressive, dont on espère, meurtri, recevoir un geste d'amour. Comme le Poète rêve de délivrer et sublimer sa muse, j'ai été attirée par cette mélancolie des yeux maternels, je m'y suis mirée et consumée : en trouvant, dans sa tristesse, toutes choses plus belles.

C'est grâce à ma mère et son injonction à nous libérer, à notre tour, nous, ses enfants, de sa mélancolie, que j'ai presque pu m'en échapper. Je dis presque car je garde toujours en moi un fond mélancolique, par amour, comme un petit mouchoir conservé de l'être aimé, qu'on caresse encore dans sa poche.

Je ne peux me séparer entièrement de ce que j'ai admiré de beau dans ses yeux et dont j'ai, enfant, convoité l'attention avec tant d'étude. Mais la mère-sphinx incompris que je portais comme un idéal intérieur, j'ai pu l'interroger en jouant d'autres rôles de mère, et j'ai pu me réconcilier avec elle entre autres dans mes séances d'analyse. Je ne suis pas une jeune mère triste. J'aurais pu l'être, emprisonnée dans une profondeur en trompe l'œil, consumée dans une quête impossible. Mais j'ai vu la statue de pierre se réchauffer, échapper à sa beauté douce et dure, pour devenir un amour possible : une femme de chair, une mère sans trône, qui aime, qui rit et qui pleure.

Ce poème est aussi l'histoire de mes parents. Enfants, ils ont été, chacun, dans les bras d'une mère aimante, idéalisée mais déprimée. J'ai reçu en partage un peu de leur détresse. Un sourire d'enfant triste que l'on peut se transmettre, de génération en génération, et que l'on peut porter en soi comme un nuage gris dans un coin de son ciel.

Mon analyste, Mme Goud, ouvre la porte de ma chambre, s'avance vers moi et décide de faire la séance sur mon lit. Je m'étonne de la voir ainsi, assise sur ma couette près de moi, et elle me répond tranquillement qu'elle me trouve stressée. Je me redresse tant bien que mal, essaie de me concentrer.

Mais comment est-elle entrée chez moi ?

Durant ces mois de grossesse, je suis visitée en rêve, par un ou une autre – jusque par ma psychanalyste, en pleine nuit ! La cohabitation avec un enfant dans mon corps me demande une disponibilité nouvelle, je me sens, agréablement ou non, envahie. L'enfant pousse certains de mes organes, s'organise de la place, aménage un nouvel espace dans mon bassin qui me bouleverse. J'accueille, je cherche en moi-même une ou deux pièces en plus pour m'élargir encore.

Allongée en séance d'analyse sur le divan de

Mme Goud, deux matins par semaine, je passe l'essentiel de la séance à déplacer, du regard, les bibelots qu'elle a posés sur ses étagères. Tandis que je parle, je prends de l'œil, sans même en être consciente, le fossile de serpent placé en hauteur et le descends vers l'étagère du bas, en face de moi. Écoutant la voix de Mme Goud assise derrière moi, je déplace des yeux les deux vases que j'aperçois au sol et les pose plus à gauche près du rideau. Ce ne sont pas des actions volontaires, je joue comme une enfant avec ses jouets, je cherche mes mots et j'assemble des morceaux de mon puzzle. Pour aider une pensée à se formuler, tantôt je prends en pensée la statuette exposée au centre de sa bibliothèque et la glisse virtuellement vers la droite, tantôt j'égalise la hauteur des livres, je redessine leurs contours. Tantôt j'efface, je coupe, j'allonge, tantôt je range : je repose en pensée le fossile de serpent en hauteur, je range les vases…

Je dis peut-être :

– J'ai fait un rêve terrible, je faisais une fausse couche et je l'expliquais assez bizarrement au téléphone à une amie qui s'appelle Diana… Diana est blonde aux yeux bleus, comme ma mère. Je lui disais : « Oui, c'est arrivé à cinq mois de grossesse ! Car il ne pouvait plus se nourrir ! » Pourquoi ce bébé ne peut-il plus se nourrir dans mon rêve ? Ai-je peur de ne plus pouvoir le nourrir ? Ou de ne plus pouvoir le porter ?

– …

– Je pense aussi à l'avortement auquel j'ai eu recours

à vingt ans, à sept semaines de grossesse, je ne m'étais pas assez protégée. C'était une douloureuse épreuve dans ma vie de jeune femme et elle me revient aujourd'hui, avec sa blessure, sa faille, elle est écrite dans mon corps, je pense à ce moment où j'ai laissé tomber. Cette IVG me revient alors que je me prépare à donner la vie et attends un enfant que je chéris déjà. Ce choix, dont j'accepte la responsabilité, dont je remercie d'avoir eu la possibilité, se rappelle à moi sans que je m'y attende. Avec mon désarroi et ma peine aussi.

Dans un mouvement de panique, je plonge mes yeux dans les motifs géométriques du tapis rouge posé au sol, le long du canapé, je compte les ronds, je les déplace vers le bas. Dans ma course, je me perds dans les losanges que je rencontre en chemin, je me cogne à leurs angles pointus, je les dispose mentalement dans un sens puis dans l'autre, je les rassemble et les sépare à nouveau. Je dis encore :

– Une tante m'a parlé hier d'une nièce qui avait fait une fausse couche, le cordon ombilical s'était emmêlé dans le bras du bébé. Pourquoi raconter cette histoire à une femme enceinte ?

Je ne pourrais pas décrire les motifs du tapis de Mme Goud avec précision, et pourtant je passe beaucoup de temps à les observer, à jouer avec eux, à les déplacer, tandis que je parle de mes rêves, de mes peurs, de souvenirs, de naissances et de deuils. Je cherche un lien entre la couleur des deux livres rouges et le coussin rouge, je glisse mes yeux dans le rai de lumière sous les rideaux. Mais de cela, je ne parle pas, je ne mentionne pas cette activité parallèle sans volonté consciente.

Certains méditent devant des mandalas de couleur, dont les effets bénéfiques sont une réconciliation intérieure avec le noyau spirituel de l'être. Y a-t-il des correspondances entre la géométrie et les émotions ? Jung affirme que nous pouvons rêver de triangles et de ronds. Est-ce que la géométrie est une pensée, un sentiment ? Les motifs d'un tapis comme une langue secrète, intime et universelle ? Devrais-je aussi parler à Mme Goud de l'ombre sur le mur clair, du fossile serpent et des deux vases qui sont exposés en face de moi, des triangles qui me piquent sur le rideau, dont j'aimerais tourner la pointe vers le bas, des éléments rose indien de la pièce, qui me rappellent la couleur du sari que j'avais punaisé au-dessus du lit de ma chambre d'adolescente ?

– Bonjour, je suis ta fille.

Elle est en face de moi, à la table de la cuisine, elle porte des lunettes, tantôt elle a deux ans, tantôt elle en a trente, tantôt elle en a quinze.

– Oui, je suis venue.

Je suis heureuse de la voir, mais elle a l'air de m'en vouloir. Elle me propose de nous vouvoyer. Elle m'annonce qu'elle a décidé de s'installer chez nous mais elle me le dit avec hostilité. Je suis mal à l'aise, j'essaie de la rassurer et de l'accueillir.

J'en parle à Mathieu ce matin au réveil, il est pressé mais il prend le temps de m'écouter avant de partir emmener Antoine à l'école. Peut-être que c'est toi la fille ?

Moi ? Je suis épuisée en me réveillant. Je m'allonge sur mon lit et pose la main sur mon ventre. Aucune réponse ce matin. « Se contenter d'une sensation de réponse », a dit l'haptonomiste. Mais aucune sensation, aujourd'hui. Je ferme les yeux et repense à notre séance d'haptonomie. « Même dans le doute, la conversation peut s'entretenir », a-t-elle encore dit. Même dans le doute, alors je poursuis :

– Coucou, est-ce que tu es là ?

– …

Un coucou avec l'invisible, avec le silence, comme une prière. Un coucou que je pourrais aussi bien me faire à moi-même : est-ce que je suis là ? Questionner ma présence, mon engagement : suis-je là, vraiment, prête ? Ou un peu cachée, lâchée, tombée ?

– …

– Ce matin, tu ne réponds rien à mon appel ?

– …

– Tu dors ?

– …

– Coucou, je suis là.

– …

Peut-être que tu dors tranquillement dans ta chambre. N'es-tu pas libre de répondre comme tu le souhaites ? Que m'arrive-t-il ? Le silence d'une réponse ne me suffit pas ? Ce silence chaud et plein, je l'entends froid et pointu ce matin. Je me cogne et me blesse en pensant à ce vouvoiement, à cette distance. Bien que dans un même corps, nous sommes deux êtres différents. Même dans une grande proximité, nous sommes à une certaine distance. Une relation comprend des doutes, des retraits, des oppositions, des besoins d'autonomie, de silence. C'est mon manque de confiance que je sens, ce matin, une peur d'être rejetée, cette inquiétude au fond des bois. Je me heurte au silence. Est-ce que je dois crier : JE SUIS LÀ ? Ai-je peur de ne pas être entendue ? Suis-je capable de confiance ? De la donner et de l'entendre ? Est-ce que je dois recevoir des petits coups pour te croire présent ? Est-ce qu'il faut que cela soit abrupt pour être familier ? Est-ce que je suis infirme du cœur ? Est-ce que je vais pouvoir aimer librement ?

Est-ce qu'il y a une émotion dans l'univers ? Un sentiment dominant ? Des particules d'amour ? En as-tu emporté avec toi, papa, en partant comme un arc-en-ciel ? Je retrouve un morceau de journal bien plié dans un cahier de notes, un entretien croisé de toi avec un pasteur qui te demandait comment confronter le mystère de la foi à la science de l'univers. Tu répondais : « La science nous a fait découvrir un univers qui n'est plus à l'échelle humaine. Nous sommes perdus au milieu de générations précédentes et, je l'espère, futures, qui se comptent par milliards, dans ces échelles de temps et de distance infinies. L'étoile la plus proche est à quatre années-lumière (à titre de comparaison, notre soleil est à huit minutes-lumière, soit cent cinquante millions de kilomètres). Dans un cosmos de plus en plus vaste et vide de par son expansion, nous sommes en quête d'identité. On peut se demander à quoi bon notre lente évolution, qui nous a permis d'être ce que nous sommes, si un jour tout doit être détruit. À quoi bon la vie si on doit mourir. Nous aimerions trouver notre finalité dans le destin du monde, une place dans cette cosmogonie, une histoire qui nous ressemble. Et si la science sait répondre au *comment*, elle ne répond pas au *pourquoi.* »

Tu citais volontiers saint Augustin : « La foi précède, l'intelligence suit. » Tu savais bien que l'humilité était de mise, tu avais un grand respect pour les hommes de foi – des amis pasteurs, ou encore le dalaï-lama, que tu avais eu la chance de rencontrer, et qui t'avait donné une longue écharpe blanche de soie. Tu m'as fait comprendre aussi, sans me le dire, en te serrant toi-même dans tes bras, en me faisant sauter sur tes genoux, en joignant parfois tes mains et murmurant une prière, que la promesse intuitive d'un amour présent qui déplace les montagnes était une nécessité dans les moments de détresse, un espoir profond.

– C'est quand même fou que, pendant une éclipse, il nous semble que la Terre ait une taille exactement semblable à celle de la Lune, et cela à cause de la distance qui nous sépare… Je me dis que c'est tout de même extraordinaire, il y a une intelligence dans l'univers, il y a quelque chose…

Je me rassemble avant de sortir. Mathieu va venir me chercher bientôt pour notre rendez-vous d'échographie. Je m'installe en l'attendant à plat dos sur le lit, les jambes en hauteur, appuyées contre le mur de la chambre. Dans cette position, l'enfant se recentre dans un espace haut de mon bassin. Sous ma paume, je sens le bébé se déplacer tranquillement vers le creux de mes lombaires et s'y installer, mon ventre s'aplatit, mon dos soulagé se détend. Mes jambes sont légères et le col de mon utérus se libère du poids qui pesait sur lui. Mon sang afflue vers mon visage, irrigue mon cerveau, comme si je venais de faire une course à pied. En étirant mon cou, j'aperçois Tino, assis dans le salon, en face de ma chambre, de l'autre côté du couloir. Il est absorbé dans la contemplation d'un puzzle de cinq pièces qu'Antoine a sorti ce matin.

– Qui arrête le bip dans le salon ? appelle Francine de la cuisine.

Un réveil-thermomètre bipe de façon soudaine, parfois en pleine nuit, depuis quelques jours. La consigne à suivre est d'appuyer sur un bouton, « n'importe lequel ».

– J'y vais ! je réponds de ma chambre.

Je roule hors du matelas, tire mon pantalon élastique jusqu'au nombril et sens dans mon ventre un dos qui se tourne. Tu te déplaces, tu changes d'air, tu es allé te mettre à droite. Je me dirige lourdement vers le salon quand Mathieu débarque dans l'appartement avec une énergie extraordinaire. Son corps est rapide comme le mien est lent, il est souple comme le mien est raide. Avec élan, il colle ses lèvres sur les miennes, elles sentent le café, ses joues sont fraîches, il me sourit, éteint machinalement le bip de la pointe de son coude, il porte une vasque de lavabo dans les bras, qu'il dépose dans l'entrée, un sac de courses sur le dos, embrasse ses parents et propose de m'emmener à l'échographie en scooter.

– Sur le chemin, on pourra passer ensemble regarder les robinets place de Clichy, demain je pars à Dijon et ils commencent la salle de bain cette semaine. Comment ça va ici ? On se la coule douce, on dirait ?

Je profite de son élan, cours attraper mon manteau au vol. Nous sautons sur son scooter, je plonge mes mains dans les poches de sa veste en cuir, je m'accroche, je tends les bras, mon ventre rond entre nos deux dos. Je pose ma tête contre son épaule, je m'accroche à son rivage, je respire son air, je me tiens pour qu'il m'emmène loin. Je sens la vitesse réveiller mon visage, me sauver de mon engourdissement, le paysage défile et j'aperçois notre reflet familier dans les vitrines des cafés.

Nous marchons, Mathieu et moi, sur une plage que je ne connais pas. Soudain je me souviens, je la connais, c'est la plage de mon enfance en Loire-Atlantique au sable piquant, morceaux de coquillages, cailloux qui crissent sous la plante de nos pieds, ou alors celle d'une station balnéaire espagnole rapidement visitée dans une étape de voyage.

Nous quittons la salle de répétition et répétons enfin dans le décor de Nicky Rieti : des couloirs et des vitres. Sur le devant de la scène il y a une avancée vers le public, comme un long pistil. J'ai deux robes, de toutes les couleurs, moulantes, élastiques, qui mettent en valeur mon ventre. Jean-François est prévenant, affectueux avec moi, me demande des nouvelles. Dans l'équipe, beaucoup de mes partenaires sont doués en improvisation et nous avons imaginé un cabaret futuriste. Jean-François nous a encouragés à proposer des scènes parfois absurdes et fantasques.

– Il faut oser la démesure ! Allez-y ! La recherche se développe dans des sphères virtuoses ! Un chercheur comme Darwin essaie avec beaucoup d'humanité d'offrir un sens et une réflexion à ses découvertes !

Au cours des répétitions, je sens quelquefois un coup de genou, de tête, un changement de position, une excitation, une tension, une fatigue. Je suis une actrice et ton berceau. Je m'adresse en silence à toi, sans même y penser, comme je m'adresse naturellement à moi-même. J'apprends à connaître tes signes, tes siestes et tes réveils. Et quand je m'accroupis acrobatiquement sur le devant de la scène pour lire au public un article de journal sur la prison inhumaine de Guantanamo, berceau des horreurs, je me concentre encore sur ta force de vie qui bat en moi.

Toi aussi, de l'intérieur où tu te trouves, tu as tes repères, tes coins favoris, tes préférences, tu reconnais mes déplacements, certaines de mes habitudes. À la fin des répétitions, tu sais que nous attendent un grand escalier et une ascension difficile, tu te tends. Tu as compris que le théâtre est sous terre et qu'il nous faut gravir une quantité interminable de marches pour rejoindre le dehors. Je te chuchote quelques mots réconfortants en grimpant. Et bien que j'entreprenne lentement cet exercice, cet effort musculaire pèse beaucoup sur mon col de l'utérus. Je sens le haut de ta tête cogner contre mon col, j'ai peur qu'il ne s'ouvre, qu'il ne cède, tu cherches un plancher où te poser. Je sens que tu n'es pas rassuré dans cette bousculade. Alors, pour t'aider, je te soulève dans mes bras, jusqu'au sommet. Mon ventre entre les mains, je traverse au plus vite la place du Trocadéro. Je rejoins enfin ma voiture, je m'allonge à plat dos sur les sièges avant et élève mes jambes, collant mes pieds au plafond de la Renault Clio.

– Allez, on rentre à la maison ! Ça va mieux ?

Après quelques minutes, je te sens installé à nouveau

confortablement dans la partie haute et large de mon bassin. Le calme revient : mon ventre pointu, tendu, se détend, s'arrondit. Avec le bercement du moteur, je sens que tu t'endors, tandis que je conduis le dos bien calé et enfoncé dans le siège. Bientôt je ne pourrai plus conduire, mon ventre touchera le volant même en reculant le siège à son maximum. Cela me deviendra trop difficile de tourner mon buste et d'effectuer une marche arrière. Je me déplacerai en bus ou en métro. Autour de nous, les lumières blanches et rouges des phares avancent lentement dans la nuit qui tombe. Je repense à la répétition. On porte également un spectacle en soi, il nous habite à sa façon, il est là, il évolue en nous, il prend sa place.

Depuis hier, la chaudière est en panne et je pars avec un grand sac de linge faire une lessive à la laverie en bas de l'immeuble.

Bien que les machines tournent, il n'y a personne dans le local et je peux répéter tranquillement mon texte, devant une dizaine de tambours où glissent, roulent, tombent des draps et habits de couleur. Le ronron des carrousels, le cliquetis des boutons métalliques sur les parois cylindriques, la chaleur humide m'engourdissent, je m'allonge sur plusieurs sièges en plastique. Dehors il se met à pleuvoir, l'orage gronde, pressant les passants, leurs sacs de courses posés sur la tête pour se protéger. Revenant du parc, Mathieu et Antoine me rejoignent en courant, en riant, près des sécheuses terminant leurs tours. Nous plions le linge, Mathieu est rapide, il trie les chaussettes d'une main et tient son téléphone de l'autre. Il commande un plan de travail pour la cuisine et me parle en aparté de la hotte, qu'il faut choisir. Demain il ira porte de Vincennes chercher du carrelage, de la peinture, des prises et des bâches supplémentaires. Dans une grande surface de bricolage, nous avons choisi ensemble ce matin des poignées, des boutons de placard et des portes, j'essayais de participer de mon mieux, de me raccrocher à l'activité extérieure normale et habituelle, de suivre, de donner le change, de remonter à la surface de moi-même. Je me sentais attirée, comme dans un bain chaud, vers mon fond, alors je me secouais, je serrais sa main, je me tenais à son bord, j'embrassais son cou, je me frottais à sa barbe de quelques jours, pour me piquer et me réveiller, pour revenir dans le monde courant.

Soudain, je découvre devant moi, adossé au mur de la chambre, un jeune homme blond, qui me toise l'air narquois. Je demande :

– Qu'est-ce que vous faites là ?

En réponse, il se lèche la lèvre. Et tout d'un coup c'est comme si je sentais sa langue dans ma bouche.

– Par où es-tu entré ?

– Je n'ai pas besoin de porte.

– … ?

Antoine tire sur mes mains pour que je m'accroupisse à sa hauteur de quatre-vingt-douze centimètres, et il regarde mon bassin :

– Pourquoi on ne le voit toujours pas ? Par où il va sortir le bébé ? Ça fait mal ?

Avec un petit pli au front, Antoine observe avec préoccupation mes hanches étroites. Il appuie une main sur ma tête, pose un pied sur mes genoux, hisse son corps sur la balustrade du lit et bascule sur son matelas. J'ouvre un livre pour le lui lire mais il veut parler encore.

– Est-ce que vraiment tout *ça* va s'ouvrir ?

– Oui...

– Quand est-ce qu'il naîtra le bébé ?

– Quand les nuits seront longues. Quand il commencera peut-être à neiger.

– Il sortira vraiment... par là ?

– Oui. Toi aussi tu es passé *par là*.

Antoine est incrédule.

– Nous étions allés visiter la tour Eiffel avec Frédéric

et Jane. Nous avons vu Paris du haut du ciel, avons presque touché les nuages et deviné notre immeuble au loin, comme un minuscule point de zinc brillant. J'ai senti des contractions dans le dos en rentrant, et j'ai perdu les eaux, comme ça, sur le trottoir, alors nous avons filé à la maternité.

Antoine est impressionné :

– Ça fait mal de perdre les os ?

– Non pas du tout, on perd juste une grosse flaque d'eau, ça veut dire que le bébé est prêt à sortir.

– … Les os deviennent liquides ???

– Quoi ?… Non ! Une poche d'eau ! Comme de l'eau. Parce que le bébé vit dans de l'eau.

– Ça fait peur ?

– Non !

Je lui parle de notre émotion en le tenant dans nos bras à la maternité. Nous avions fêté le réveillon de la Saint-Sylvestre au champagne le lendemain avec les infirmières.

Antoine questionne une histoire personnelle, primitive, délicate à se représenter, même pour des adultes. J'embrasse avec une tendresse infinie ce petit être de trois ans qui réfléchit, cherche des repères sur la carte de sa vie.

– D'où on vient ? Où est-ce que j'étais avant le ventre ? Je n'existais pas ?

– La vie, c'est à chaque fois un miracle.

– Maman, tu es là ce soir ?

Ma poitrine lourde se prépare à redevenir laitière. Je choisis un soutien-gorge d'allaitement bien solide. Je retiens d'une main mes seins quand je marche vite, je prétends vouloir bien fermer mon manteau mais, en réalité, je porte ma poitrine et la protège de l'agitation de ma course. Je cours attraper le bus 81 qui m'emmène vers le théâtre.

Je suis dans une cour et grimpe vers une fenêtre ouverte située au premier étage d'un immeuble. Je m'introduis dans un studio qui n'est pas le mien et découvre une pièce agréable avec un lit une place, sur lequel est posée une couverture blanche, je m'assois. J'aperçois en face de moi un frigidaire qui contient une bouteille de lait. Il me donne envie. « Je vais boire un verre de lait et le ranger derrière moi, comme avant. » Je me sens bien, c'est agréable, je bois, mais la concierge de l'immeuble m'aperçoit de la cour et me menace en criant :

– Hé toi ! Qu'est-ce que tu fais là ? Qu'est-ce que tu fais là ! Voleuse !

J'ai honte, je dois m'échapper et partir à travers les rues de la ville qui se penchent sur moi et m'attrapent comme les arbres noirs de la forêt des contes.

Ma mère m'a raconté qu'elle avait allaité mes trois frères mais n'avait plus eu de lait à ma naissance – j'ai été nourrie au biberon. J'ai toujours dit que cela m'était égal, mais dans ce rêve, il semble que je m'introduise comme dans l'histoire de Boucle d'or sans permission pour goûter un peu de ce lait protégé. Le nez dans mon écharpe, je pense : « Cacher ce sein que je ne saurais boire ! »

J'ai allaité Antoine pendant quatre mois. Mathieu complétait avec un biberon de lait en poudre une fois par nuit. Pendant l'allaitement, un rythme s'était instauré entre Antoine et moi, ainsi qu'une communication télépathique. Si je m'éloignais entre deux tétées, pour une course ou un rendez-vous, après trois ou quatre heures de séparation mes seins durcissaient, se dressaient sous le tee-shirt, s'affolaient, explosaient du soutien-gorge et auréolaient mon vêtement de deux ronds humides. Comme une sonnerie de téléphone, ils me sommaient de rentrer urgemment pour soulager la faim d'Antoine. Je cachais comme je le pouvais mon buste mouillé, en fermant ma veste, je me précipitais vers la maison. Je portais mes seins dans mes bras, comme deux sacs à commissions, je courais à toute berzingue. J'essuyais le lait qui coulait sur mon ventre, j'entendais en traversant le hall les cris d'Antoine. Je grimpais les escaliers quatre à quatre, essoufflée. Enfin je prenais Antoine contre moi, je soulevais le tee-shirt, déboutonnais le soutien-gorge, libérais ma poitrine. Antoine tétait vingt minutes de chaque côté, soulageait mes seins, légers à nouveau, tandis que son ventre redevenait rond et repu. Je regardais son nombril. Ce cordon ombilical qui nous avait reliés pendant neuf mois avait été coupé le jour de l'accouchement, mais nous restions connectés, à distance, par un invisible cordon laitier.

Les fauteuils rouges de la salle sont plongés dans le noir et je peux deviner des têtes blondes, grises, brunes, rousses, blanches. Ce soir c'est la première des *Variations Darwin*. L'annonce pour demander au public d'éteindre les téléphones est lancée, nous sommes excités et je n'ai exceptionnellement pas le trac devant ce parterre de journalistes, de programmateurs et de personnalités du spectacle. Je suis pleine, forte, géante, deux fois présente, avec mon ventre de sept mois, je n'ai rien à craindre. Le cabaret commence par une musique aux sonorités étranges. Sur le plateau, un jeu de couloirs, de vitres et de lumières permet de jouer plusieurs scènes différentes, dans une même profondeur de champ. Lors d'une conférence sur la neuroscience, une actrice déchiquette de ses dents un chou-fleur-cerveau ; dans un musée, nous commentons des tableaux imaginaires en fumant des craies blanches ; une feuille de journal décrivant un univers carcéral inquiétant devient un ballon qui s'envole ; une scène d'amour se développe en une exploration biologique ; une lettre de Darwin devient poème, musique, vacarme…

Après la représentation, un de mes partenaires raconte que ses amis lui ont dit : « C'est drôle qu'Irène ait un faux ventre, parce qu'on voit qu'il est faux : il est vraiment énorme et toute sa silhouette est fine par ailleurs… » ! Mathieu est avec nous, nous fêtons, buvons, dansons et puis le ventre se fait lourd, il faut se dire à demain, remonter une à une toutes les marches de l'escalier du théâtre avant que mon carrosse ne devienne citrouille, que mon corps ne soit plus capable de grimper en haut de cette pyramide inversée pour sortir vers le monde du dehors.

Mon frère Niels m'a appelée ce matin. Il propose de disperser tes cendres, papa, sur une parcelle de vignoble près de chez lui, dans le canton de Vaud, au-dessus du lac Léman. Il a une parcelle de quinze mètres carrés, un lot de vigne qui est attaché à sa maison de village, et nous pourrions ainsi y déposer une dalle où serait écrit ton nom. Ce vignoble nous paraît la meilleure dernière demeure qui soit. Tu aimais cette vue magnifique, que tu avais prise en photo en toutes saisons. Mes deux autres frères viendront des États-Unis pour qu'avec maman et ta sœur, nous dispersions tes cendres, tous ensemble, en cette fin de mois de novembre.

Quand le téléphone s'est éteint dans ma main, j'ai regardé longuement par la fenêtre les flocons cristallins qui tombaient et fondaient avant de toucher le sol. Entre neige et pluie, un ciel comme un nuage blanc entre les immeubles.

J'entends un chuchotement, est-ce le chauffe-eau qui se met en marche ou autre chose ? Viens-tu me faire un signe ? Et si tu venais un instant encore me frotter le dos, me pincer un peu le bras ? Ton livre *Des quarks et des hommes* tombe de son étagère et s'ouvre devant moi, sur le lit, avec cette citation, que je découvre en exergue : « Le contraire d'une vérité profonde est encore une vérité profonde. »

Un autre Niels, Niels Bohr, en est l'auteur, il était l'un des créateurs de la théorie quantique. Tu l'admirais. C'était un chercheur prêt à tout imaginer. Il y aurait donc plusieurs vérités, à condition qu'elles soient observées avec profondeur ? Avons-nous chacun une dualité profonde et une double vérité pour nous tenir en bon équilibre ? L'équilibre des forces opposées ? Je cherche en feuilletant le livre d'autres citations de M. Bohr, j'en trouve deux : « Si la mécanique quantique ne vous a pas encore profondément choqué, alors vous ne l'avez pas encore comprise », « Votre théorie est folle, mais pas assez pour être juste ».

Alors, comme par magie, le livre glisse et m'échappe des mains, il saute sur le lit, tournoie dans la chambre. J'essaie de l'attraper, il m'échappe encore, il rit en dégringolant vers le balcon fermé en véranda, et se pose entre l'établi et la cocotte-minute. Ce n'est pas la première fois qu'un livre m'échappe, ni me parle ! Je m'approche avec précaution et penche mon visage entre les cartons de livres et d'habits, pour mieux l'écouter :

– Tu sais, Irène, imagine que nous sommes à proximité d'une ou plusieurs pièces cachées dans le couloir de cet appartement. Il y a un espace à découvrir, même dans l'étroitesse d'un utérus ! Il y a autour de notre terre une étendue infinie qui comprend quatre-vingt-quinze pour cent de matière cachée ! Alors imagine ce vaste inconscient, qui te parle jusque dans tes rêves ! Et tu sais ce qu'il te dit ?

– Aie confiance ?

– Oui ! Car tu sais tellement peu de choses.

– Et pourquoi tu ne me parles qu'aujourd'hui ?

– Tu ne m'écoutes pas tous les jours.

Et ce livre disparaît devant moi, comme touché par une baguette magique, me laissant son sourire au-dessus des pots de confiture. Dans ce grand écart entre chagrin et joie, il n'y a qu'un message un peu fou que je puisse écouter. Les mots normaux sont vite à l'étroit. Et si mon histoire ne tient pas debout, c'est que la réalité est bien petite. Et si mon histoire est bien petite, c'est que la réalité ne tient pas debout.

C'est à la mort de ton père que tu es tombé malade. Et j'y pense aujourd'hui que tu es parti à ton tour. Ton épiderme, cette pellicule protectrice, cet écran, comme la couche d'ozone qui abrite notre vie sur Terre, cette enveloppe qui caresse, chatouille, est devenu peu à peu une peau souffrante, irritante, endommagée de plaies. Tu as consulté des dermatologues, fait nombre d'examens, de prises de sang, mais l'origine de ces irritations restait, les premières années, inconnue. Ton teint devenait rouge, tes collègues te demandaient où tu étais parti en vacances. Tu répondais évasivement, te débarrassant au plus vite de cette ombre dans la conversation. Tu continuais tes activités comme à la normale mais t'isolais pour te gratter, tu prenais sur toi comme on dit.

Le département de dermatologie à l'hôpital s'est occupé de ton cas isolé et ton mal a été diagnostiqué, une maladie auto-immune rare, sur laquelle les connaissances étaient encore approximatives. Les médecins ont tenté divers traitements au début, quelques matinées par mois tu te rendais à l'hôpital et ton sang était nettoyé de sa mauvaise herbe. Allongé sur un lit pendant plusieurs heures, une sonde dans le bras, tu te soumettais au rythme lent de la perfusion et lisais un roman égyptien ou un autre sur le mystère des cathédrales. Le reste du temps, tu t'élançais loin de la maladie, dans le monde serein, au Portugal, en Pologne, à Paris… Tu t'envolais vers le large, vers tes responsabilités, espérant que ton corps tiendrait.

Maman te rassurait, t'accompagnait aux rendez-vous, t'aidait à enduire ta peau abîmée d'onguents hydratants. Mais le mal s'est aggravé, la peau s'effritait en minuscules particules, une peau succédait à l'autre, plus fine et fragile. Il a fallu entreprendre des traitements lourds de chimio, des traitements de cheval disais-tu. La peau tirait, chauffait et parfois, sans pouvoir te retenir, tu sortais, en te tenant dans tes bras, comme s'ils brûlaient et qu'il fallait en étouffer les flammes. Ces bras qui tiennent, qui portent, qui aiment, ces bras qui contiennent, réchauffent, rassurent, ces bras faisaient bien ce qu'ils pouvaient, impuissants à consoler. À quoi te retenir ? Je te vois t'asseoir sur le bord du lit, en pyjama, et murmurer avec maman une prière qu'elle te proposait, attendre la paix, l'espérer, tenter de reprendre souffle. Demander encore pourquoi. Et te recoucher. Ne pensant plus au lendemain, étant dans la respiration seule et l'instant qui vient.

Papa, tu me disais que l'univers quantique comprenait peut-être… vingt-trois dimensions ! Est-ce que ce nombre avait été dit au hasard ? Correspondait-il à quelque chose de précis ? Tu me l'expliquais de façon naturelle, en touillant un sucre dans un gobelet de café.

– Vingt-trois ?… Mais lesquelles ?

– Eh bien, si tu lances une pomme devant toi en physique newtonienne ou disons classique, il est entendu qu'elle retombera devant toi, d'accord ? Mais en physique quantique, il faut s'attendre à tout, sauf à ça ! Si tu lances une pomme devant toi, il faut l'imaginer se poser peut-être à des milliers d'années-lumière derrière toi, ou partir en rotation, en orbite, disparaître à jamais… !

– … ?

Cela dépassait mon imagination. Et je ne savais pas

comment continuer une conversation où tout était possible. J'entendais tes collègues rire très fort, c'était l'été et l'air sentait l'herbe coupée. Dans quelle dimension te trouves-tu aujourd'hui ? Comment te parler ?

– C'est là ?

– Je crois que c'est plus haut.

– C'est celle-là ?

– Non, plus haut, dit Niels.

Nous montons, essoufflés, une à une les marches de l'escalier taillé manuellement dans la pierre, sur un coteau viticole du Lavaux. Nous surplombons les nuages qui se promènent au-dessus du lac Léman. Mes trois frères, leurs épouses, nos enfants, ma tante, ma mère, Mathieu et moi grimpons, de terrasse en terrasse, vers ta dernière demeure, cette parcelle de terre, en haut des vignes, où se trouve la *capite* de Niels. On peut apercevoir plusieurs de ces cabanes sur le vignoble, elles sont habituellement utilisées par les vignerons pour y garder leurs outils de travail. Un banc de bois permet de s'y reposer après l'ascension, les heures de bêchage, ou de cueillette, et d'y admirer le paysage sous une tonnelle. L'automne, le promeneur peut, de son banc, tendre le bras au-dessus de lui et attraper des grappes de raisin sucrées et violettes. Mais en cette fin de mois de novembre, la vigne est à nu. Comme des morceaux de bois secs, endormis pour l'hiver, en attente, au repos.

Nous occupons ce jour presque tout l'espace de ce bout de jardin suspendu. Tom disperse tes cendres au pied du cep de vigne et Bernard et Niels déposent la dalle gravée à ton nom, « René Jacob ». Le cœur à l'envers, nous nous recueillons un instant, en ta compagnie, entre le ciel et le lac, devant tant de beauté, dans la brume. Certains disent un mot, une lettre, un souvenir, Mathieu me caresse les cheveux, les enfants sont silencieux, solennels, les yeux dans l'herbe givrée. Bernard nous joue à la guitare une étude de Villa-Lobos, tu la lui demandais pendant tes longues siestes, ces années de maladie. Nicole, ma belle-sœur camerounaise, chante un air de Douala. Ta sœur Florence pleure et cherche dans son sac un bouquet de fleurs de génépi qu'elle a rassemblé en souvenir de toi. En te disant au revoir, c'est aussi à Michel, Violette, Roland, partis également, qu'elle pense douloureusement. Niels nous réunit pour un instant et nous prend en photo.

L'air est grave et léger, nous restons encore à bavarder ensemble, Tom a apporté un whisky irlandais que tu aimais, et Cathy, son épouse, nous distribue des gobelets en plastique. Maman et Florence sont assises sur le banc, tandis que les enfants font danser des yoyos offerts par ma belle-sœur colombienne, Rita. Elle les a trouvés à l'épicerie du village ! Les ronds de couleur tournoient dans l'air. Les plus grands montrent aux plus petits comment faire. Ils rient. Le yoyo se déroule rapidement sur l'axe de la ficelle et, dans un élan, rebondit et s'enroule à nouveau, jusque dans la paume de la main. Les plus agiles le font aller et venir avec cadence et félicité.

– Maman, tu regardes ? Tu trouves que je le fais bien ?

Mais nous regardons ailleurs, nous fermons les yeux et dans l'air de l'après-midi qui s'étend entre ces deux pieds de vigne, du haut de ce vignoble qui dégringole dans le lac, face aux montagnes dont nous apercevons les sommets pointant au-dessus des nuages, dans l'expansion de cet espace infini où tu te reposes, nous sommes tendrement avec toi.

Le physicien Bertrand Trèfle avait été, sa vie durant, un de tes fidèles amis, papa, et c'est avec lui que j'ai eu envie de passer un après-midi de ce mois de décembre, où le soleil était blanc comme la lumière d'un néon, pour superviser les premiers passages que j'ai écrits, où tu me parles de la physique quantique. Il était en train d'écrire un livre sur son quartier et ses transformations et s'est interrompu gentiment dans son travail pour me recevoir. Il a poussé les feuilles de son manuscrit sur le côté de son bureau, pour m'écouter et bavarder avec moi. Il m'a évoqué votre amitié, nous avons parlé de ton enterrement, où il était venu, il m'a demandé des nouvelles de maman, il m'a félicitée de mon heureux événement et s'est inquiété de savoir si je n'allais pas accoucher tout de suite dans son bureau, tellement mon ventre était gros ! Enfin, il m'a invitée à commencer ma lecture.

Dès les premiers mots, Bertrand m'a demandé de

ralentir, il s'est incliné vers l'avant, les deux mains enfoncées dans ses cheveux, les coudes sur les genoux.

– Sssssssss.

– Bertrand, ce n'est pas ça ? On peut couper cette phrase si tu penses que ce n'est pas juste…

– Attends… attends…

Il s'était plongé à côté de moi dans un espace profondément différent de la conversation habituelle. Je balançais des mots à toute vitesse, à cause de l'émotion, mais chacun de ces mots semblait toucher une corde sensible, qui intimait l'engagement et la précision. Je parlais de l'univers et ce n'était pas une mince affaire, tant s'en faut. Il a écarté mon avant-bras pour se pencher sur mes pages, et a relu silencieusement le paragraphe.

– Qu'est-ce qui te gêne, Bertrand ? On peut couper ce passage, tu sais…

– Non… Non…

Et Bertrand a caché à nouveau son visage dans ses mains.

J'ai attendu dans le silence et brusquement il a refait surface, comme sortant d'une longue apnée, la tête émergeant des paumes, comme ayant attrapé quelque chose. Il a posé un doigt sur une de mes lignes.

– Là, il faut que tu ajoutes « sans doute ».

– Quoi ?

– Oui, tu vois, on ne sait pas si l'univers est *encore* en expansion ! Il faut dire : « Il est *sans doute* encore en expansion, et même en expansion *accélérée*. »

– Ah bon, on ne sait pas ?

– Non, on ne sait pas ! Mets « sans doute » et comme ça… on est couvert !

Je suis sonnée par cette nouvelle. Ce « sans doute » me plonge dans le doute ! Mais, sans transition, Bertrand me propose de passer à la suite de mon texte, il a des courses à faire tout à l'heure et nous devons avancer. Dans son bureau, rien n'a changé, tout est à sa place. L'après-midi reste le même, en dehors de cette nouvelle majeure – à propos de l'expansion de l'univers. Pour me rassurer, au loin, les cloches de l'église du quartier sonnent l'heure.

– Voilà, là, avec « sans doute » c'est correct. Ensuite ?

Je lui lis en riant le passage où Tom te demande : « Papa, comment c'est possible de dire que nous pouvons connaître *cinq pour cent* de l'infini ? Cinq pour cent de l'univers ! » Bertrand me regarde, étonné, il ne comprend pas bien ce que je veux lui demander et pourquoi cela me fait rire.

– D'abord, est-ce que c'est bien exact, cinq pour cent ? Et tu vois, moi je trouve ça drôle de se dire qu'on connaît cinq pour cent de l'infini !

Bertrand est surpris. Il tique, cligne des yeux comme si je lui parlais avec une légèreté superficielle de choses qui lui sont personnelles.

– Drôle ?

– Oui, enfin… je veux dire… disons que ce n'est pas un truc à quoi on pense tous les jours…

– Ah ! D'accord. Oui, cinq pour cent.

Bertrand fait un effort pendant cet échange. Il tente de faire, par amitié pour mon projet, un écart à sa précision scientifique, il essaie de traduire mon langage approximatif et tâche de le réorienter, par sympathie, dans une bonne direction. À propos d'un passage sur les quarks, il me dit naturellement :

– Oui, tu comprends, il ne faudrait pas donner au lecteur le sentiment qu'après avoir lu ce passage, il ait compris.

– Ah ?… Pourtant c'est juste, non ?

– Oui… mais c'est beaucoup plus compliqué… Mais au moins, là, c'est juste. Continuons.

Tu me manques, et je te retrouve en cet instant, auprès de ton ami Bertrand. Je reconnais en lui, comme en toi, cette même difficulté à écouter un langage résumé et vulgarisateur évoquant le mystère de l'univers. Comme si une compréhension raccourcie et réductrice éloignait de la profondeur de la vérité et donc de sa beauté. Je suis admirative de cette précision absolue devant tant d'inconnu. L'énigme n'est jamais simplifiée, elle est prise absolument au sérieux et envisagée dans sa complexité. La lenteur et l'attention dans le travail sont requises.

Bertrand s'est déjà penché vers le manuscrit pour écouter la suite.

– Il y a autre chose ?

Je termine par ce dialogue avec toi au CERN : « Et papa, *avant* le Big Bang ? Il y a quoi ?

– Eh bien… peut-être qu'il n'y a plus de temps ? »

Bertrand m'écoute, le torse maintenant presque couché sur son bureau. Il se redresse brusquement dans le silence, comme si le téléphone venait de sonner, mais non, ce n'est pas ça, il regarde mon texte.

– Pourquoi tu as mis un point d'interrogation ?

– Où ?

– Ici : « Peut-être qu'il n'y a plus de temps – point d'interrogation. »

– Ah oui. Tu veux que je l'enlève ?

– Oui. « Peut-être qu'il n'y a plus de temps – point. »

– Point ?

– Point.

Des lumières roses explosent à seize heures trente par les fenêtres. Plus de temps, point. La page est soulevée d'une audace que jamais je n'aurais osé prendre… Ainsi il n'y aurait plus de temps – point ? Aussi simple et affirmé que ça. Point.

– Comment tu vas l'appeler ? demande affectueusement Jean-François, en ouvrant une bouteille de champagne.

Nous fêtons notre dernière représentation, et vidons nos loges. Mes partenaires m'ont offert pour la clinique un body, taille un mois, qu'ils ont signé de leurs prénoms. La costumière vient prendre les mesures de mon ventre pour m'en confectionner un faux, en coton. Je l'enfilerai sous mon costume pour la reprise de la pièce, en tournée, dans deux mois. Chacun raconte où il partira pour Noël. Tous les deux, nous sommes allés jusqu'au bout, nous sommes venus chaque soir retrouver l'équipe, le public et l'illusion de la légèreté. J'attends maintenant ce moment où tu vas naître, tandis que la ville sera dans l'agitation. Nous ferons connaissance tranquillement, à l'écart du bruit. Nous irons ensuite nous installer dans notre appartement, avec deux pièces en plus à découvrir.

L'obstétricien m'a auscultée une dernière fois et le bébé est en bonne position, il se présente la tête en bas. Tout va bien. Il n'y a plus qu'à. « À très bientôt, on se retrouve à la maternité », nous a-t-il dit. Maintenant qu'il est temps – huit mois et trois semaines ! – je ne m'économise plus, je monte l'escalier de notre appartement, je surveille chaque jour les travaux avec Mathieu, je pousse les cartons, range, espérant que cette activité donnera un signal à mon bébé : Ça y est, vas-y, tu peux sortir tranquille ! Mais je n'ai plus aucune contraction.

Frédéric et Jane sont venus nous rejoindre ce week-end, fêter les premiers jours des vacances de Noël avec nous. Nous les emmenons voir l'avancée des travaux et leurs futures chambres. Antoine se tient sur les épaules de Mathieu, le bras levé comme un pirate à l'abordage. Il veut être sûr de faire partie de ce projet : Le nouvel appartement c'est pour nous tous ? Pas seulement pour le nouveau bébé ? Il affirme son territoire, devant une grande bâche en plastique posée au sol sur des planches il demande :

– Où sera mon lit ? Là, c'est mon lit ?

Jane, rêveuse, hésite à partager une chambre avec Frédéric ou avec Antoine et le bébé. Mais pour le moment il y a des fils, des clous, de la poussière partout.

Les ouvriers sont polonais. Ils s'appellent Jacek et Piotr. Parfois ils sont là et parfois, on ne sait pas pourquoi, ils ne sont pas là. Je leur ai dit quelques mots en polonais, ça les a bien fait rire.

– J'ai aimé tourner un film là-bas, j'adore la Pologne !

Mais ils n'y sont pas particulièrement attachés. Je leur dis le nom du film mais Jacek a secoué la tête et expliqué en jetant sa clope :

– Connais pas le cinéma, pas le temps.

Je monte par la cage d'escalier de l'immeuble vers l'étage principal de notre appartement. Les plantes doivent avoir soif. J'aère, je remplis une bouteille d'eau dans le lavabo de la salle de bain qui regorge de cannettes de bière vides, j'écarte un gobelet plastique rempli de mégots et j'allume la lumière. Il n'y a plus ni lampes ni abat-jour mais des ampoules nues qui pendouillent du plafond. Il n'y a plus ni stores aux fenêtres ni rideaux. J'essaie de retrouver un papier d'assurance près de notre bureau qui est un espace protégé encore habitable, sous une tente en plastique. Je le retrouve dans un tiroir, près d'un rêve écrit sur un papier froissé.

– Il faut faire du vide ! Il n'y a plus de place, dit Mathieu, qui me rejoint avec un grand sac poubelle.

Nous trions ensemble le trop-plein, donnons des livres, des habits, des disques, il faut jeter les vieux courriers. L'ogre du passé doit faire de la place au jeune présent ! C'est le moment où je relis une dernière fois ce rêve ou une vieille carte postale avant de la glisser sous un livre pour la relire au prochain tri. Mathieu me tend une boîte à chaussures remplie de papiers :

– C'est quoi ? C'est à jeter ou tu gardes ?

Je retrouve un mot comme « Tendres baisers de Prague. Papa ». Choisir une pile « à garder ». Le cœur serré, chercher un tiroir où la ranger.

– Tu gardes toutes ces vieilles cassettes ? Tu as encore un lecteur de cassette au moins ? demande dubitativement Mathieu.

Ces petits tas qui dansent à côté du piano ou dans l'obscurité du vieux placard, je sais qu'ils sont là, comme une force d'attraction prête à me dévier de ma course. Je les ignore pour ne pas m'égarer, mais quand je m'en approche, je plonge comme Alice au pays des merveilles dans un puits très profond, où je deviens en un instant, plusieurs fois, grande et petite à la fois.

Nous appelons ces cartons cachés sous un lit ou derrière le bureau des « mines ». Et il nous faut déminer. Il se dégagera un moment de passé, bien rangé, qui explosera dans la lumière du présent. Il nous pincera, avec sa joie ou sa nostalgie. Il nous faudra lui attribuer une place, à garder ou à laisser.

Frédéric, Jane et Antoine ont été patients mais maintenant ils veulent sortir, aller se promener. Nous quittons nos cartons, non sans un dernier regard pour la majeure partie de ceux qui sont restés fermés.

Allongée sur le sofa en velours vert, je regarde le plafond de Mme Goud. Après en avoir fait plusieurs fois le tour, je plonge dans son étendue et me dirige vers la craquelure du milieu. C'est un morceau de peinture qui se décolle, comme une cloque ouverte, un épiderme blessé, laissant apparaître sous la couleur blanche des nuances grises. Je connais bien cette fissure. Mon œil observe l'ombre du relief, la tache sombre de sa profondeur qui s'oppose à la blancheur du plafond. Je dis peut-être :

– J'ai rêvé que quelqu'un avait perdu un œil. J'essayais de le lui remettre mais c'était difficile et l'œil glissait. Et puis, voilà que c'était moi qui avais perdu un œil, ou il était cassé, et je me disais qu'avec l'argent de la pièce de théâtre, je pourrais m'en acheter un autre.

– Peut-être est-ce moi qui ai perdu un œil ? suggère Mme Goud. Quand je vois un autre patient et que je vous oublie ? Et alors quelle inquiétude, quel vide ! Où allez-vous disparaître ? Vous voudriez remettre mon œil à sa place pour que je vous regarde et vous contienne, mais mon œil glisse et tombe ? Comme un regard maternel qui se pose et s'en va ?

– Peut-être… Et dans ce rêve, moi aussi je perds un œil. Je regarde cet être à un œil et voilà que je deviens borgne ? Comme par contagion ? La peine est-elle contagieuse ? Je reproduis ce qui m'a inquiétée, mais je tente de me réparer ? Je voudrais contempler mes enfants de mes deux yeux bien ouverts ?

– Et avec l'argent que vous coûtent ces séances, vous voudriez vous aider à acheter un autre œil ? Vous retrouver ?

– …

J'observe la porte blanche vernie du placard encastré, cherchant une réponse, un contenant, mais mon œil glisse sur sa surface nue et lisse et tombe. Mon regard tente de s'accrocher à la ligne noire de la fente, celle qui sépare les deux portes battantes l'une de l'autre. Je remonte la ligne d'ouverture sombre jusqu'à son sommet, mais une fois en haut, je me laisse tomber à pic. Aïe ! Mes yeux ont buté, à mi-chemin, sur le bouton de la poignée. Je l'observe, je vais et viens, je définis la forme de ce petit obus de métal gris qui m'a heurtée dans ma course. Et je dis finalement :

– J'ai rêvé aussi que c'était le soir, et je demandais à ma mère si j'allais bien. Et elle me répondait : « Ton regard est tourné vers l'intérieur. Il faut revenir. »

Mme Goud ne répond pas. Je dois revenir ? Je dois

quitter la nuit du deuil ? Il est temps, pour moi, d'ouvrir mes paupières ? De me tourner vers le jour et la lumière ? Des larmes coulent doucement sur le canapé vert et Mme Goud me tend un mouchoir en papier, que je garde, mouillé, dans mon poing serré. Je pose les paumes de mes mains un instant sur mes yeux, pour contenir l'émotion qui me surprend : le chagrin du deuil, de l'absence, la joie de la naissance de la vie. Il est temps, pour moi, d'accoucher ! De libérer mon berceau de ses profondeurs. Les deux yeux ouverts, regarder devant. Accoucher de l'enfant. Bientôt, il va venir, et moi je dois revenir.

Allongée sur le sofa en velours vert, je rassemble les morceaux de mon puzzle. De l'image fragmentée, je cherche l'ensemble. Une émotion se posant dans le creux de l'autre. Je réunis, séance après séance, les souvenirs que j'ai sous la main comme je le ferais d'un puzzle de mille pièces, pour patiemment le recommencer.

– Plus l'enfant morcelle à l'extérieur, moins il est morcelé intérieurement. C'est la vertu du puzzle de rassembler, dit Mme Goud.

J'ai entendu un mathématicien définir l'algèbre comme le fait de « restaurer ce qui est fragmenté », l'infiniment petit rejoint l'infiniment grand, le confus devient sens, le creux devient plein. Je marche sur ma plage et ramasse les brindilles de mes souvenirs dispersés, je réunis les éléments de mon berceau. Parfois je me décompose, mon analyste vole à mon secours, elle me tend une branche éloignée que je ne voyais pas, je l'attrape en allongeant le cou. J'aperçois les genoux de Mme Goud, derrière moi, à l'extrémité du divan et je range son mot sous mes plumes.

Le sapin est posé sur un tabouret, Antoine et Jane l'ont décoré de quelques boules de Noël et d'une guirlande électrique. Francine et Frédéric ont sorti la crèche et les santons, mais dans l'étable, au milieu de tous, le berceau de paille est encore vide, en attente. Tino a choisi pour cette soirée de l'Avent, parmi ses disques vinyle, de la musique de genre, il en a toute une collection.

– Qu'est-ce que c'est ? demande ma mère, qui nous a rejoints pour nous aider au retour de la maternité.

– C'est écrit pour être léger et divertissant, prévient gaiement Tino en rejoignant son fauteuil.

Soudain, une locomotive siffle, un chant d'oiseau s'élève et un orchestre jazzy s'invite dans la pièce. Antoine s'élance sur le tapis du salon.

– J'adore ! C'est quoi cette musique ? C'est de la musique ?

Il colle l'oreille au haut-parleur : oui, tout vient de

là ! La musique extraordinaire sort de ce gros rectangle brun : l'enceinte. Il est soulevé de plaisir, tourne sur lui-même et crie, les bras écartés :

– Woahhhhh !!!

Mathieu pousse les meubles de côté, fait de la place. Deux gongs sonnent l'arrivée d'une fanfare de cirque. Antoine en riant s'accroupit, roule sur le sol, rebondit, se dresse, pose les mains sur sa tête et les lève haut vers le ciel.

– C'est beau !

Un chœur de matelots entonne des chansons à boire, viennent ensuite le carillon de Big Ben, une sirène de bateau, un moteur à vapeur, des sonnettes de vélo…

Antoine est ivre de bonheur, exalté.

– C'est de la musique ? C'est de la musique ?

Nous sourions. Frédéric lit sur le canapé violet, Jane se réchauffe sur les genoux de Mathieu. L'emphase instrumentale s'apaise et Antoine reprend son souffle, haletant, écoutant maintenant les clochettes calmes d'un troupeau de montagne. Antoine improvise en réponse des petits mouvements mystérieux avec ses doigts, qu'il approche doucement de son oreille, et en écoute, attentif, le secret. Mais quand vient le tour des trombones de chanter à tue-tête, Antoine s'élance à nouveau, possédé de bonheur, tournant du centre du salon jusqu'à nous, jusqu'au-dehors, jusqu'à la nuit.

Tino est épanoui que sa musique de genre suscite

tant de liesse chez ce petit-fils de trois ans et dans notre assemblée.

– Tu aimes ça ? Vous aimez ? Haha !

Sa grâce enfantine, en cet instant, aussi libre qu'un paysage de fête, gagne et chatouille nos poitrines fermées ; la guirlande de couleur s'allume et s'éteint, nos joues chaudes se colorent de bleu et de rouge, nous entrons dans la ronde, nous montons dans le carrousel, nous sommes un même mobile qui tourne au-dessus d'un berceau.

Les cuivres appellent au rassemblement, c'est un mystérieux signal et Antoine danse, tourne. C'est la sonnette du tricycle, c'est le bip, c'est le dong et nous tournons ensemble dans cet infini aux rideaux orange, une planète de plus, bientôt, à notre ciel.

Sur un chœur d'enfants, Antoine se pâme, écarte les bras. L'énergie est folle, dense, multiple, nous sommes à 10^{-43} seconde de l'arrivée imminente d'un nouveau commencement. De cette naissance que nous attendons tous, Antoine reconnaît les prémices. Il nous guide, avec félicité, vers son avènement.

Comme une constellation d'étourneaux qui se déploie en nuée dans un ciel pour migrer vers un continent nouveau, nous sommes huit, nous sommes des milliers, nous sommes tous et nous ne sommes qu'un, nous répondons à l'appel, nous préparons le voyage. Un éclair dans le ciel. Un battement de cils. Nous avons inspiré longuement, nous avons écarté les soucis et les peines. Notre souffle chaud a soulevé le toit de cet immeuble années 1970 et déchiré la nuit. Nos corps graves et légers ont pris leur envol. Ils ont aperçu les étoiles et rejoint l'immensité de la Voie lactée.

Mathieu m'a accompagnée ce matin dans la salle numéro un de la maternité. Cette nuit, j'ai eu de longues contractions dans le dos, ce matin je me suis assise dans la salle de bain sur un ballon que j'ai fait tourner avec mon bassin pour assouplir le col. Vers midi, les contractions se sont accélérées. La sage-femme, Aimée, pose une perfusion sur mon bras : « Voilà, maman, oui, tu vas perdre les eaux. Le col n'est pas encore complètement ouvert, tu attends. Cela peut prendre du temps, quatre à huit heures. » Je suis nue sur le drap bleu en papier, je suis émue qu'elle m'appelle maman. Car il s'agit bien de cela, tout à l'heure, dans la salle de travail numéro un, de mettre à nouveau au monde un enfant. Combien de temps encore ? « On ne sait pas, répond-elle à Mathieu. Allez-y, on vous appellera dès les premiers signes, soyez tranquille. » Aimée me rend mon tee-shirt et me demande de me reposer, avant l'effort qui me sera demandé.

À la maison, il y a urgence : la cuisine arrive et c'est le dernier jour du plombier et du peintre. « Je fais rapidement un aller-retour ! » dit Mathieu, non sans jeter un dernier coup d'œil à la pièce, une façon de prendre la mesure de l'événement, de se préparer à ce rendez-vous, la naissance imminente. Dehors, il fait beau, un soleil blanc d'hiver. Je suis calme, je ferme les yeux. C'est la dernière fois que je ferme les yeux, à deux dans mon corps. Tout à l'heure viendra la délivrance. La sienne, la mienne. Ce soir, dans quelques heures, l'enfant sera dehors, hors de mon ventre, tout proche, dans mes bras. Je l'attends…

« Ouf ! La cuisine est enfin arrivée ! Ça y est ! Et toi, comment ça va ? » dit Mathieu, essoufflé, posant ses affaires, prêt à aider, à être là, à accoucher s'il le pouvait, dans la salle numéro un.

La voix de Mathieu. Le bébé se décide. Mon vagin expulse le bouchon protecteur, le barrage cède. Le liquide chaud coule à flots entre mes jambes. Mon col de l'utérus s'ouvre de sept centimètres, de dix centimètres. Aimée allume le néon au-dessus de moi. « Allez, il faut vous réveiller ! » Aimée branche le bip de l'électrocardiogramme. Elle attache le capteur sur mon ventre, on entend battre le cœur du bébé. Bip. Le drap bleu en papier se froisse et j'ouvre mes jambes devant l'obstétricien, qui est grand, brun. Je pose mes pieds de chaque côté de ses hanches, sur les étriers en métal froid. « Je suis là », dit-il fermement. Il retrousse les manches de sa blouse blanche, concentré sur la bouche grande ouverte de mon orifice, dans sa dilatation maximale. Je suis là, dit la main de Mathieu dans mes cheveux. Bip. Une infirmière court dans le couloir. « J'arrive ! » La voix d'Aimée ordonne sur ma poitrine : « Allez ! On pousse ! On respire. Encore ! » Un téléphone sonne. L'anesthésiste passe. « Tout va bien ? » Bip. Les contractions sont brusques. « Je suis là, dit Aimée, ça vient, on continue. » Comme une secousse sismique, un tremblement de chair, une énergie se libère, je m'ouvre tout entière, j'ai chaud, bip, le col se dilate encore, bip. « On respire, la descente a commencé. Tout va bien. Il vient. Oui, on y va, on souffle. » Mathieu serre ma main. Je la mords. La lumière du néon dans la salle. Je souffle, je halète, oui, j'attends, bip, le drap de papier bleu, encore, je reprends, je pousse, je crie. « C'est bien, encore, on y va, maman. » J'ai soif. Je ne pense pas. Encore. Je respire. Je n'ai pas peur. Aucune inquiétude. Je pousse. Je redresse mon buste vers mes jambes. Bip. Je fais le travail. Je suis l'origine, je suis la nuit des temps. Je me prolonge dans le bras de Mathieu, dans ses cheveux, dans la voix d'Aimée. Je suis avec l'enfant, en moi, qui descend de mon ventre vers mon col, il cherche le passage entre mon sacrum et la main qui le tirera au-dehors. « Là ! » dit l'obstétricien, dans la salle numéro un, dans un cri, dans un souffle, dans la ville, dans les roses, dans le vent, dans l'éclair, dans la nuit, dans le jour qui vient.

C'est la fin des vacances, nous devons partir, quitter la maison de mes grands-parents en Bretagne, je me suis cachée dans le hamac, je suis dans la banane rayée rouge et jaune qui se balance au fond du jardin, entre les deux cyprès. Comme un sourire qui flotte au-dessus de la menthe poivrée, un croissant de lune qui se berce sur le dos, parmi les herbes hautes de l'été. Je m'enroule dans la toile, telle une chenille dans son cocon. Le ciel est orange, sent le coton et deux branches centenaires me portent et me bercent dans le vent salé. Je suis cachée et ils me cherchent. Au loin j'entends mes trois frères et mes parents aller et venir dans le jardin, m'appeler : « I-rè-ne ! Irène ! » J'écoute ce prénom qui est le mien, ce prénom choisi le jour de ma naissance. La sonorité claire de ses trois voyelles : iii, èèèè, eeeee. Et la vibration de ses deux consonnes rrrr et nnnn. Je les murmure, à mon tour, jusqu'à ce qu'elles se détachent de leur sens. Rrrrr Nnnnn. Est-ce moi : I-rè-ne ! Irène ? Papa m'appelle près du lavoir, mais je ne suis pas là. Maman court dans l'allée des marguerites, mais je ne suis pas là. « Irène ! » Est-ce que c'est le prénom auquel je réponds ? « Irène ! » Bernard me cherche dans la chambre à musique, Tom près du portique, Niels entre les draps qui sèchent et claquent dans le vent. Dans la grande cuisine, dans la voiture bleue, entre les hauts plants de tomates et de haricots, je ne suis pas là. Je suis tout près, cachée et silencieuse, invisible. Non, je ne suis pas là, je suis ici. Je me tiens dans mon abri, dans un monde suspendu, parallèle et orange, qui sent la corde et l'air marin. Vont-ils me trouver ou est-ce à moi de me montrer ? De leur répondre ? Maintenant ? Dans une minute ? De les rassurer ? Est-ce que je me cache encore ? Est-ce que je sors ? « Irène ! » C'est moi ? C'est ma vie qu'ils appellent ? C'est la cadence, la couleur à laquelle depuis mes premiers jours j'ai appris à répondre : « Oui, c'est moi. »

– OUI ! JE SUIS LÀ ! JE VIENS ! J'ARRIVE !

Composition : IGS-CP
Impression : CPI Bussière en octobre 2019
Éditions Albin Michel
22, rue Huyghens, 75014 Paris
www.albin-michel.fr

ISBN : 978-2-226-44270-3
N° d'édition : 23535/01 – N° d'impression : 2044405
Dépôt légal : novembre 2019
Imprimé en France